TRAITÉ ÉLÉMENTAIRE

D'ARITHMÉTIQUE;

PAR

J. V. VILLENEUVE FILS,

Instituteur Primaire.

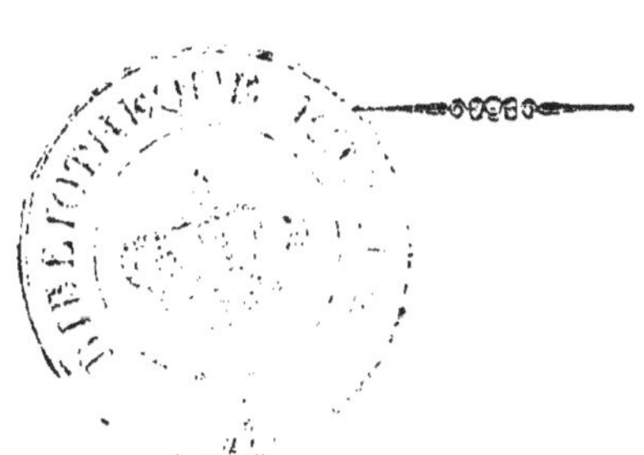

A PAU,

DE L'IMPRIMERIE DE VERONESE FILS,

Rue du Cours-Bayard.

1835.

AVANT-PROPOS.

Il suffit d'avoir quelque intérêt à soutenir, d'être à portée d'avoir des relations plus ou moins étendues avec son semblable, pour sentir la nécessité de l'Arithmétique. Elle est indispensable pour tout homme qui veut se dire instruit, et j'ose avancer que l'ignorance de cette science n'accuserait que trop d'une éducation peu soignée. Ce motif prouve assez l'utilité de l'Arithmétique, et la nécessité où chacun se trouve d'en acquérir, sinon des connaissances profondes, du moins des notions assez étendues.

On a tant et si bien écrit sur cette science qu'il me paraît impossible d'ajouter à ce qu'en ont dit les auteurs qui en ont parlé jusqu'à ce jour. Je ne ferai donc que répéter ce qu'ils ont dit; et si le Traité élémentaire que j'offre au public a quelque mérite, ce ne sera que dans la concision de son plan.

Mon but, en effet, a été d'élaguer une foule de raisonnemens qui, quoique utiles, ne sont cependant pas indispensables : j'ai même trouvé que bien souvent ils deviennent embarrassans pour celui qui entreprend, seul, l'étude de l'Arithmétique.

En donnant un abrégé de l'Arithmétique, je n'ai rien omis de ce qu'il est nécessaire de connaître, et pour cela, après avoir démontré chaque opération assez au long pour qu'on puisse facilement la comprendre, j'ai proposé des problêmes sur lesquels l'élève peut s'exercer. En comparant le résultat que l'on aura obtenu avec la solution que j'ai placée après la question, il sera facile de s'apercevoir si l'on s'est écarté des principes, ou si l'on a erré en opérant.

Après avoir parcouru les diverses opérations de l'Arithmétique, je termine mon petit Traité par l'explication du système métrique, donnant quelques exemples pour faciliter les opérations sur ce système, et enseignant au moyen de quelques tables, dont j'explique l'usage, à comparer les anciens poids et mesures, avec ceux seuls adoptés de nos jours.

Tel est le plan de mon ouvrage; je crois qu'il pourra être de quelque utilité, et j'ose me persuader que le public daignera l'accueillir avec bienveillance.

ARITHMÉTIQUE.

NOTIONS PRÉLIMINAIRES.

On appelle *quantité*, tout ce qui est susceptible d'augmentation ou de diminution.

Toute quantité est continue ou discontinue. Elle est continue lorsqu'elle présente à l'esprit un tout sans distinction de parties, par exemple une ligne, une surface, un plan ; elle est discontinue ou *discrète*, lorsqu'elle présente une réunion de parties distinctes, dont nous formons un tout, comme dix hommes, vingt arbres, etc. Dans ce dernier cas elle est représentée par des nombres et elle fait l'objet de l'arithmétique.

L'Arithmétique est la science des nombres.

Le nombre est l'assemblage de plusieurs unités de même espèce. L'unité est une quantité prise arbitrairement, quantité que l'on considère comme non divisée, et qui sert de terme de comparaison à d'autres quantités de même espèce.

Le nombre est *abstrait*, lorsqu'il énonce les unités sans en désigner l'espèce, 6. 3 ; *concret*, quand il détermine l'espèce d'unités dont le nombre se compose ; il est *simple* quand il ne se compose que d'une seule espèce d'unités 6.tt ; *composé* ou *complèxe* lorsqu'il est formé par la réunion de plusieurs espèces d'unités ; 6^{fr} 5^{s} 10^{d} ; on le nomme *entier* quand il se compose d'unités entières 7. 8; *fractionnaire* quand il se compose d'unités entières et de parties d'unités 5 ½ 4 ¾.

Numération.

La numération est l'art de représenter et d'énoncer le nombre au moyen de dix caractères :

1, 2, 3, 4, 5, 6, 7, 8, 9, 0.

Ces caractères sont appelés chiffres.

D'après les conventions des arithméticiens, les unités qui composent les nombres, se distribuent en différentes classes que l'on énonce successivement. On est par exemple convenu : 1°. qu'on se servirait des neuf premiers chiffres pour exprimer les neuf premières unités ; que de dix unités simples on formerait une dixaine, représentée par l'unité suivie du 0, 10. Suivant cette convention, on continue à compter par dixaines et unités, parcourant les 9 premiers chiffres jusqu'à 9 dixaines et 9 unités; de dix dixaines on forme une centaine, et l'on compte par centaines, dixaines et unités, jusqu'à 999, nombre composé de 9 centaines, 9 dixaines et 9 unités. Ajoutant une unité simple on a un mille, et à partir de ce chiffre la progression unité, dixaine, centaine, continuant à se reproduire, de dix unités de mille on forme une dixaine de mille, de dix dixaines de mille une centaine de mille, de dix centaines de mille, une unité de million, etc. Quant à la place des chiffres, on est convenu : 2°. que les unités, dans un nombre entier, se trouveraient placées au premier rang à la droite, que les dixaines, les centaines, les mille, etc., prendraient successivement leur place à la gauche des unités.

De là, deux valeurs dans les chiffres : l'une absolue ou réelle, c'est-à-dire dépendante de leur forme ; l'autre relative ou acquise, c'est-à-dire dépendante de la position qu'ils occupent dans les nombres.

De là encore, si à la droite d'un nombre ou d'un chiffre, je place un zéro ou un chiffre significatif, je rends ce nombre ou ce chiffre dix fois plus grand ; on le rend dix fois, cent, mille fois plus petit, selon les chiffres que l'on retranche à sa droite. De ce qui précède, je conclus que pour énoncer ou écrire un nombre, il suffit d'énoncer successivement les diverses collections d'unités dont il se compose.

Ainsi, pour écrire un nombre, on place successivement, en commençant par la gauche, les chiffres qui expriment combien ce nombre contient de centaines, dixaines, et unités de chaque ordre ternaire, et l'on remplace par des zéro, celle de ces unités, dixaines ou centaines, qui manquent. Par exemple, le nombre neuf cent sept millions, cinq cent trois, s'écrit : 907,000,503.

Pour lire un nombre écrit, il suffit de partager ce nombre en tranches de trois chiffres, en commençant par la gauche, puis, partant de la droite, on énonce séparément chaque tranche par le nom qui convient au chiffre de ses unités. Le nombre 3,472,965, s'énoncera ainsi : trois millions, quatre cent soixante-douze mille, neuf cent soixante-cinq unités.

Décimales.

On appelle décimales, divers ordres des parties de l'unité, dont la valeur respective, suivant la même progression que les nombres simples, décroît en raison décuple, depuis les unités qui les précèdent, jusqu'à leur dernier chiffre.

Il résulte de là, que le premier chiffre, à la droite de l'unité, représente des parties de l'unité dix fois moindres que l'unité elle-même, et que l'on appelle dixièmes ; que le chiffre à la droite de ce dernier représentera des dixièmes de dixièmes que l'on appellera centièmes, etc. Ainsi, si à la suite de quelques chiffres, 63, dont le dernier marque des unités simples, on écrit d'autres chiffres 256, séparés des premiers par une virgule : 63,256, le premier chiffre 2, à la droite des unités, représentera des dixièmes ; 5, des centièmes ; 6, des millièmes ; et l'on énoncera ainsi tout le nombre, 63 unités, 256 millièmes.

On peut, sans changer la valeur d'un nombre 42, 6, ajouter autant de zéro qu'on voudra. En effet, chaque dixième se divisant en 10 centièmes, 6 dixièmes pourra être exprimé par 60 centièmes ou par 600 millièmes.

Opérations.

La théorie des opérations de l'arithmétique se réduit à composer les nombres, à les décomposer, à les comparer. On compose les nombres par l'addition et la multiplication ; on les décompose par la soustraction et la division. Ces quatre opérations sont dites fondamentales, parce qu'elles servent à faire toutes les autres.

Addition.

Plusieurs nombres étant donnés, trouver leur somme en les réunissant, tel est le but de l'addition. Elle se fait en plaçant les nombres les uns sous les autres, de manière que les unités de même espèce se trouvent placées dans une même colonne verticale. Ces nombres étant soulignés, on ajoute d'abord la colonne des unités, et successivement les autres colonnes, observant de retenir à chaque addition les unités d'ordre supérieur qu'elle donne, et de les transporter à la colonne suivante : soit à ajouter les nombres 467 + 575 + 499.

$$\begin{array}{r} 467 \\ 575 \\ 499 \\ \hline 1541 \end{array}$$

Après avoir placé les nombres dans l'ordre indiqué, je commence par la droite, et l'addition des unités me donne 21 unités, ou 2 dixaines et 1 unité; je pose 1 sous cette colonne, et je transporte 2 dixaines à la colonne suivante, qui donnera 24 dixaines ou 2 centaines et 4 dixaines ; j'écris 4 sous la colonne des dixaines, retenant 2 centaines que je joins à la colonne des centaines, qui me donne 15 centaines que j'écris, n'ayant plus d'autres colonnes à ajouter ; et le total sera 1541. Pour ajouter des nombres suivis de décimales, par exemple.

462. 07 + 267. 45 + 262. 24.

462.	07
267.	45
262.	24
992.	76

Après avoir placé les nombres d'après la règle donnée, j'ajoute les centièmes, qui me donnent 6 centièmes et 1 dixième, que je porte à la colonne des dixièmes. Elle me donne 7 dixièmes que j'écris, et passant à la colonne des unités, je continue l'opération comme ci-dessus.

Soustraction.

Par cette opération on cherche la différence qui existe entre deux nombres, en retranchant le plus petit du plus grand.

En général pour retrancher un nombre d'un autre, on écrira le plus petit sous le plus grand ; commençant par la droite, on retranchera les unités des unités, les dixaines des dixaines, les centaines des centaines, etc. lorsque le chiffre inférieur sera plus fort que celui du nombre supérieur, on empruntera une unité du chiffre de la colonne à gauche, ayant soin de diminuer celui-ci d'une unité; si dans le nombre il se trouve un ou plusieurs zéro, on empruntera une unité du premier chiffre significatif, laissant 9 sur chaque zéro, et comptant 10 seulement pour le premier chiffre à droite ; on comptera toujours, comme valant une unité de moins, le chiffre sur lequel on aura fait l'emprunt.

De	4003
Oter	2975
	1028

Les nombres se trouvant placés dans l'ordre indiqué, et ne pouvant retrancher 5 unités de 3 unités, j'emprunte sur le chiffre 4 une unité de mille, je laisse 9 centaines sur le zéro représentant les centaines, 9 dixaines sur celui des dixaines, et ajoutant 10 unités à 3, je retranche 5 de 13, et j'ai pour reste 8; de 9 dixaines 7 dixaines, reste 2, de 9 centaines 9 centaines, reste zéro; observant de diminuer 4 d'une unité de mille, si je retranche 2 unités de mille, il me reste 1. Quant aux nombres suivis de décimales, la soustraction se fait de même. Ainsi, que l'on me donne 6734. 45 à retrancher de 9805. 87.

De	9805. 87
Oter	6734. 45
	3071. 42

Les nombres se trouvant placés dans l'ordre ordinaire, je retranche 5 centièmes de 7 centièmes, j'ai pour reste 2 centièmes; de 8 dixièmes 4 dixièmes, et j'ai pour reste 4 dixièmes; de 5 unités 4, etc.

Multiplication.

La multiplication doit son origine à l'addition, car la multiplication n'est qu'une addition abrégée. Cette opération se réduit à répéter un nombre ou bien à l'ajouter à lui-même autant de fois qu'il y a d'unités dans un autre nombre donné. Dans toute multiplication on doit distinguer le *multiplicande*, ou nombre à multiplier, le multiplicateur, nombre par lequel on multiplie, et le résultat de l'opération qu'on appelle *produit*. Le multiplicande et le multiplicateur servant à former ce dernier terme par la répétition de l'un par l'autre, sont appelés *facteurs du produit.*

Les règles à suivre pour la multiplication d'un seul ou de plusieurs chiffres par un seul chiffre, sont faciles : on n'a qu'à connaître la table annexée à la fin de l'ouvrage, et savoir retenir, comme à l'addition, les unités d'ordre supérieur de chaque chiffre, et les transporter au chiffre suivant.

Lorsqu'il se trouve plusieurs chiffres pour multiplicateur, on n'a qu'à suivre la règle suivante :

Pour multiplier deux nombres l'un par l'autre, il faut placer le multiplicateur sous le multiplicande ; multiplier ensuite le multiplicande par chacun des chiffres du multiplicateur, en plaçant le premier chiffre de chaque produit partiel, au-dessous du chiffre par lequel on aura multiplié; faisant ensuite la somme de ces produits partiels, on aura le produit total. Supposons que j'aie à multiplier :

```
  46735
     45
 ------
 233675
186940
-------
2103075
```

Après avoir placé les nombres comme je l'ai dit dans la règle énoncée, je multiplie d'abord en entier par 5 unités tous les chiffres du multiplicande, et j'ai 233675 unités. Je multiplie ensuite tout le multiplicande par 4 dixaines, plaçant le premier produit sous les dixaines, et j'ai 186940 dixaines ; ayant multiplié tout le multiplicande par les chiffres du multiplicateur, je réunis les deux produits partiels, dont je forme le produit total, 2103075.

Si j'avais à faire la multiplication de deux nombres composés d'entiers et de décimales, par exemple 43, 53 × 22, 45 ; j'opèrerais sans faire attention à la virgule, ayant soin de retrancher du produit autant de chiffres décimaux que j'en avais dans le multiplicande et le multiplicateur réunis.

```
   43  53
   22  45
 --------
   21765
  17412
  8706
 8706
 --------
977,2485
```

En effet, au lieu de considérer le multiplicande comme 43, 53, je le regarde comme composé des entiers 4353 ; je le rends donc cent fois plus fort ; le multiplicateur 22, 45, considéré de même, sera encore cent fois plus grand ; donc, le produit sera 9772485, comme ci-dessus, dix mille fois trop fort, puisqu'il n'est composé que d'entiers. Je dois donc, pour lui donner sa juste valeur, le rendre dix mille fois plus petit, en séparant quatre chiffres à la droite, ce qui revient à la règle donnée, et j'ai 977,2485, produit réel des deux nombres.

J'ai parlé jusqu'ici du produit de deux facteurs : comme il peut se trouver plusieurs nombres, facteurs du même produit, il est nécessaire de savoir de quelle manière on opère sur ces nombres.

Pour déterminer le produit de plusieurs nombres, on multiplie successivement chacun de ces nombres et le produit par les autres chiffres. Ainsi, par exemple, pour avoir le produit de 2 × 3 × 5, je multiplie 2 × 3, et le produit 6 par 5. Le produit 30 est 2 × 3 × 5. On peut opérer cette multiplication dans quel ordre que ce soit, c'est-à-dire que le produit ne change pas de valeur dans quelque ordre que l'on effectue la multiplication. Soient les nombres ci-dessus mentionnés 2 × 3 × 5. Je puis, sans changer rien à la valeur du produit, effectuer ainsi les multiplications 2 × 5 × 3. En effet, 2 × 3 est la même chose que 2 ajouté 3 fois à lui-même, 2 + 2 + 2; mais pour avoir le produit de trois facteurs 2. 3. 5, je dois multiplier 2 par 3 et par 5, ce qui revient à prendre 5 fois chaque 2 + 2 + 2, et à en faire la somme. Donc 2 × 3 × 5 = 2 × 5 + 2 × 5 + 2 × 5. Le produit de 2 × 3 × 5 est donc égal à 2 × 5 × 3. On peut donc, à volonté, changer les facteurs de place, sans rien changer à la valeur du produit.

Division.

Etant donné deux nombres, dont l'un est appelé *dividende*, et l'autre *diviseur*, en trouver un troisième nommé *quotient*, qui, multipliant le diviseur, ou étant multiplié par lui, reproduirait le dividende, voilà ce qu'on appelle division.

La division a donc pour objet de chercher combien de fois un nombre est contenu dans un autre.

Pour faire une division, on écrit le diviseur à la

droite du dividende, ayant soin de l'en séparer par un trait. Si le diviseur est un nombre simple, ou composé d'un seul chiffre, je divise, en prenant par la gauche, tous les chiffres du dividende que je prends successivement, et que je considère comme unités simples, et j'écris chaque quotient sous le diviseur. Je me conforme pour toute division, soit que le diviseur ait un seul chiffre, soit qu'il en ait plusieurs, à la règle suivante.

Après avoir disposé le dividende et le diviseur dans l'ordre donné, on prendra sur la gauche du dividende autant de chiffres qu'il en faudra pour contenir le diviseur; on cherchera combien ce dividende partiel contient le diviseur par ce chiffre, et l'on aura le premier chiffre ou quotient; multipliant donc le diviseur par ce chiffre, et retranchant le produit de la portion du dividende qu'on avait d'abord séparé, on aura le premier reste. A côté de ce reste on abaissera le chiffre suivant du dividende, et l'on aura un second dividende partiel, sur lequel on opère comme sur le premier, s'il contient le diviseur. (Si le diviseur se trouve plus grand que l'un des dividendes perticls, on met zéro au quotient, abaissant le chiffre suivant, et ainsi de suite jusqu'à ce qu'il soit contenu.) On continuera de cette manière jusqu'à ce que l'on ait épuisé tous les chiffres du dividende.

	45370	472
Soit par exemple,	2890	
	58	96,58/472

Après avoir placé les nombres dans l'ordre indiqué, au lieu de chercher combien tout le diviseur est contenu dans tout le dividende, je cherche combien il est contenu dans le dividende partiel, composé des quatre premiers chiffres à la gauche du dividende ; mais encore je trouverais difficilement combien 472 est contenu dans 4537, je cherche combien de fois 4 l'est dans 45, et je trouve qu'il peut être contenu 9 fois ; multipliant 472 par 9, je soustrais le produit de ces deux facteurs du nombre 4537, et j'ai un reste 289, à côté duquel j'abaisse le o du dividende, et j'opère sur ce dernier dividende partiel, comme sur le premier ; le résultat au quotient est 96, plus un reste 58 ; ce reste demeure divisible par 472, mais le diviseur ne pouvant être contenu dans un nombre plus petit que lui-même, j'indique seulement la division en plaçant 58 et 472 sous la forme fractionnaire.

Il y a deux cas à distinguer dans la division des nombres accompagnés de chiffres décimaux : ou les deux termes de la division ont un même nombre de décimales, ou l'un des deux en a plus que l'autre.

Dans le premier cas, je n'ai qu'à supprimer la virgule de part et d'autre, le quotient sera exact. En effet, si l'on me donne à diviser 43,54, par 2,75 ;

43,54	2,75
1 004	15
229	

supprimant la virgule dans le dividende et le diviseur, je les multiplie tous deux par le même nombre, puisque dans l'un et dans l'autre, le nombre des chiffres décimaux est égal. Or on peut multiplier ou diviser les deux termes d'une division par un même nombre, sans changer la proportion qui existe entr'eux ; le quotient que l'on obtiendra sera donc exact.

Dans le second cas, soit que le dividende ait plus de chiffres décimaux que le diviseur, par exemple, 46,7298 | 6,53, j'ajoute au diviseur deux zéro, pour compléter le nombre des décimales du dividende, et je supprime la virgule. Or, multipliant alors les deux termes de la division par un même nombre, l'opération rentre dans le premier cas.

Preuves.

On donne le nom de preuve, à une seconde opération que l'on fait pour s'assurer de l'exactitude de la première. Les preuves des quatre opérations se font d'après les principes suivans :

PREUVE DE L'ADDITION.

Pour faire la preuve de l'addition, on recommence l'opération par la gauche, et à mesure que l'on obtient la somme d'une colonne de chiffres, on la retranche de la somme totale. Lorsque arrivé à la dernière soustraction, on a zéro pour reste, on est assuré de l'exactitude de la première opération.

PREUVE DE LA SOUSTRACTION.

On ajoute le reste et le nombre retranché, et si l'opération première est juste, on doit retrouver le nombre duquel ce dernier a été retranché.

PREUVE DE LA MULTIPLICATION.

En divisant le produit par l'un des facteurs, on doit retrouver l'autre facteur, sans quoi il y aurait erreur dans la première opération.

PREUVE DE LA DIVISION.

Il faudra multiplier le diviseur par le quotient, et

ajouter le reste de la division, s'il y en a ; alors on doit reproduire le dividende.

Ces vérifications, comme on peut le voir facilement, ne sont que la conséquence des définitions que j'ai données.

PREUVE PAR 9.

Tout nombre composé de plus d'un chiffre est composé d'un certain nombre de 9. En effet, soit le nombre 6545, décomposant ce nombre en ses unités des divers ordres qu'il contient, j'aurai ;

6000 Or, il est facile d'apercevoir que les trois parties de ce nombre se compo-
500 sent d'un certain nombre de 9, plus les restes 6, 5, 4. Le chiffre 5 représen-
40 tant les unités, est moindre que 9, et doit être aussi inscrit à la suite du reste
5 des dixaines. Pour se convaincre de la vérité de ce que j'ai dit, que les mille, les centaines, les dixaines se composent de plusieurs 9, et d'un reste, exprimé par leur chiffre significatif, on n'a qu'à calculer le tableau suivant :

$$
\begin{array}{rrrr}
6000 = 1000 \times 6 = & 111 \times 9 \times 6 + 6 & = & 6000 \\
500 = 100 \times 5 = & 11 \times 9 \times 5 + 5 & = & 500 \\
40 = 10 \times 4 = & 1 \times 9 \times 4 + 4 & = & 40 \\
5 = \qquad = & 5 & = & 5
\end{array}
$$

Puisqu'après avoir retranché tous les 9 qui se trouvent dans le nombre 6545, il me reste les chiffres 6, 5, 4, 5, je conclus que pour retrancher les 9 qui sont dans ce nombre je n'ai qu'à ajouter ces chiffres ; cette addition me donne 20, nombre dans lequel j'ai

2 fois 9, plus un reste, 2 ; et ce reste sera le résultat de la soustraction de tous les 9 du nombre 6545.

Appliquons ces principes à la preuve de la multiplication et à celle de la division. Soit à vérifier 804, produit de 67 × 12. J'ajoute d'abord les chiffres du multiplicande qui me donnent 13, retranchant 9 de ce nombre, j'ai un reste 4 : j'ajoute ensuite les chiffres du multiplicateur qui me donnent 3. J'ai donc jusqu'ici retranché tous les 9 du multiplicande et du multiplicateur. Je multiplie le reste 4 du multiplicande, par le reste 3 du multiplicateur, et du produit 12, retranchant 9, j'ai un reste 3. Si l'opération est juste, je devrai, après avoir retranché les 9 du produit, avoir pour reste 3. La raison de cette opération est que le produit doit se composer des 9 du multiplicande, répétés par ceux du multiplicateur ; or le reste 3, que la multiplication des restes du multiplicande, par celui du multiplicateur m'a donné, représente le reste que je dois avoir au produit ; donc si l'opération est juste, je dois avoir ce reste.

Pour la division, on ajoute tous les chiffres significatifs du diviseur, déduisant les 9 qu'il contient et écrivant le reste ; on fait la même chose pour le quotient. On multiplie le reste du diviseur par celui du quotient, et on ajoute au produit le reste de la division ; on retranche les 9 de cette somme, et si l'opération est juste, on doit trouver au dividende un reste égal à celui-ci. Comme je l'ai dit, on doit retrouver le dividende par la répétition du diviseur, par le quotient, et l'addition du reste de la division : donc aussi le même nombre de 9.

Exercices sur les quatre Règles.

ADDITION ET SOUSTRACTION.

N. B. J'observe qu'opérant sur des nombres concrets, les nombres, pour qu'on puisse opérer, doivent toujours être de la même espèce.

Premier exemple. Un riche banquier laisse en mourant : en argent comptant 207576 fr. 50 c.; en diverses créances, 80000 fr. : en billets et lettres de change 435587 fr. 95 c. : un hôtel dont la valeur est 67280 fr.; quatre métairies évaluées 400000 fr. Quelle somme laisse-t-il en total? *Réponse* : 1,190444 fr. 45 c.

2. Un général ayant rassemblé les divers corps de son armée, trouve son infanterie forte de 150356 hommes; sa cavalerie composée de 62345 hommes : son artillerie de 8767; ses équipages ont 10000 hommes. Quelle est la force de son armée? *Réponse* : 231468 hommes.

3. Jean doit à Pierre 60000 fr. depuis trois ans; il commence ses paiemens le mois de janvier de la quatrième année, et lui donne 10530 fr.; le mois de mars il lui donne 1575 fr.; le mois de juin 2345; enfin, vers la fin du mois de décembre il lui compte 12000 f. Combien lui doit-il encore? *Réponse.* 23550 fr.

4. Après la mort de son oncle, un homme se trouve en possession de 235745 fr.; il paie ses dettes qui sont évaluées à 22450 fr. 75 c.; il marie sa demoiselle, à laquelle il donne 60000 fr.; il achète une métairie pour 105345 f. Quelle somme lui reste-t-il? *Réponse* : Il lui reste 57949 fr., 25 c.

5. Un anglais arrive à Paris, ayant pour fortune 2,345000 fr. Il reste à Paris pendant trois ans. La première année il dépense 187564 fr. 35 c., et il gagne au jeu 20000 fr.; la seconde année il dépense 40000 fr. de moins que la première année; il perd au jeu 15000 fr.; la troisième année il dépense autant que pendant les deux autres, et il perd au jeu 100000 f. Que lui reste-t-il à son départ de Paris? *Réponse*: Il lui reste 1,579,742 fr. 60 c.

MULTIPLICATION.

Les deux principaux usages de la multiplication consistent: 1.° étant donné le prix d'une unité, à trouver la valeur de plusieurs de ces unités; 2.° à convertir les unités d'une espèce connue, en unités d'une plus petite espèce.

On connaît le prix total de plusieurs unités, en multipliant le prix de l'unité, par le nombre d'unités données.

On convertit une unité quelconque en unités de la plus petite espèce, en multipliant l'unité principale par le nombre qui exprime combien cette unité en vaut de l'espèce immédiatement inférieure, ajoutant les unités de la seconde espèce qui sont dans le nombre proposé; on multiplie ce résultat par le chiffre qui exprime combien il faut d'unités de la troisième espèce pour en former une de la seconde, etc.

6. Un arpent de terre coûte 400 fr. Combien vaudront 45 arpens? *Réponse*: 45 arpens vaudront 18,000 fr.

7. J'achète 245 aunes de drap de Sédan, à 15 fr.

l'aune, combien d'argent dois-je pour cet achat. *Réponse.* Je dois 3675 fr.

8. Le mètre de perkale coûte 3 fr. 75 c. Quelle sera la valeur de 430 mètres, 72 centimètres, au même prix ? *Réponse.* 1615 fr. 10 c.

9. Un marchand achète 60 pièces de toile de 35 mètres 60 centimètres, 48 pièces de 48 mètres 25 centimètres, le tout à raison de 2 fr. 25 c. le mètre. Que doit-il pour son achat ? *Réponse.* Il devra payer en tout 10017 fr.

10. La toise est de 6 pieds ; le pied de 12 pouces. Combien aura-t-on de pouces dans 485 toises, 3 pieds, 6 pouces ? *Réponse.* On aura 34962 pouces.

11. Une année se compose de 12 mois, le mois de 30 jours. Combien de jours aura vécu un homme âgé de 65 ans 3 mois 15 jours ? *Réponse.* Cet homme aura vécu 23505 jours.

12. Dans les anciennes monnaies, il fallait 20 sous pour une livre, 12 deniers pour 1 sou. Un homme qui possède 48 livres, 12 sous, 6 deniers, combien a-t-il de deniers dans sa bourse ? *Réponse.* Il a dans sa bourse 11670 deniers.

DIVISION.

La division sert à partager un nombre en parties ; elle sert aussi à réduire des unités d'espèce inférieure en unités d'espèce supérieure. Je vais donner quelques exemples de ces deux cas.

13. 145 mètres de toile ont coûté 1000 fr., combien vaut le mètre ? *Réponse.* Le mètre vaut 6 fr. 90 c.

14. Une livre de soie coûte 32 fr., combien vaut l'once? *Réponse.* L'once vaut 2 fr.

15. Ayant 67440 deniers, trouver combien on a de livres? *Réponse.* On a 281 livres.

16. Combien aura-t-on de toises avec 32675 pouces? *Réponse.* On aura 453 toises, 4 pieds 11 pouces.

17. Partager à 46 personnes 6345 livres 10 sous 6 deniers? *Reponse.* Chaque personne aura pour sa part 137 livres 18 sous 11 deniers $^4/_{46}$.

18. Un particulier doit 30000 fr.; il donne en paiement 600 écus de 5 livres, et n'a pour payer le reste de ce qu'il doit que des pièces de 24 livres; combien faudra-t-il qu'il donne de ces pièces pour s'acquitter? *Réponse.* Il devra donner 1125 pièces de 24 livres.

19. Un marchand de vin achète 645 tonneaux de vin pour 64500 fr.; il veut gagner 10 fr. sur chaque tonneau de vin. Combien devra-t-il vendre chaque tonneau? *Réponse.* Il devra vendre chaque tonneau 110 francs.

20. 100 pièces d'étoffe de 20 mètres chacune, ont coûté 6540 fr. Que revient chaque mètre? *Réponse.* Chaque mètre coûte 3 fr. 42 c.

Fractions.

L'unité divisée en plusieurs parties et prise un certain nombre de fois, forme une *fraction*. J'ai déjà dit qu'un reste de division représente une fraction, dans laquelle l'un des termes est dividende et l'autre diviseur. Ainsi, dans $8 \div 3$, j'aurai $8 = 3 \times 2 + 2$ ou $^2/_8$. Ce qui revient à dire que le quotient de $8 \div 3$ se compose de deux parties : la première représentée par le nombre entier 2, la seconde, par la fraction $^2/_8$.

De ce qui précède, je conclus que toute fraction a deux termes : le premier qui représente en combien de parties l'unité se divise, ce terme est appelé dénominateur ; le second, appelé numérateur, marque combien on prend des parties de l'unité. Ainsi, dans la fraction $\frac{2}{8}$, l'unité se trouve divisée en 8 parties égales, $^1/_8 + {}^1/_8 + {}^1/_8 + {}^1/_8 + {}^1/_8 + {}^1/_8 + {}^1/_8 + {}^1/_8$, et j'ai deux de ces parties ; donc, la fraction représente deux fois la huitième partie de l'unité.

Pour écrire une *fraction*, on place le numérateur dessus le dénominateur, les séparant l'un de l'autre par un trait, ou bien de cette manière $^2/_8$.

Une fraction devient plus grande si l'on augmente son numérateur, car le numérateur indiquant combien on a de parties dans l'unité, plus j'aurai de ces parties, plus aussi je me rapprocherai de l'unité, plus aussi la fraction sera grande. Ainsi, par exemple, si dans la fraction $^2/_8$, j'ajoute 2 au numérateur, j'aurai $^4/_8$, fraction plus grande que la première. On rend par la même raison une fraction plus petite si l'on diminue son numérateur. Si, au contraire, je diminue le dénominateur, le nombre des parties dont se compose l'unité étant par cela moins fort, si je conserve le même nombre de parties au numérateur la fraction devient plus grande. Je m'explique par un exemple : si du dénominateur 12 dans la fraction $^6/_{12}$, je retranche 3, sans changer le numérateur, j'ai $^6/_9$. Or, il est évident, que moins il me faudra de parties pour former l'unité, plus les parties que j'aurai seront fortes, et plus aussi je me rapprocherai de l'unité : donc la fraction $^{6}/_{4}$, sera plus grande que la première $^{6}/_{12}$. Je dis au contraire, que la fraction $^{6}/_{12}$ deviendrait plus petite, si j'augmentais le nombre des parties du dénominateur, puisque le nombre des parties augmentant, celles que j'aurai seront plus petites.

Je conclus de là que, 1.° si je multiplie le numérateur d'une fraction, le dénominateur restant le même, je rendrai cette fraction plus grande : je la rendrai encore plus grande si je divise son dénominateur, le numérateur restant le même ; 2.° si je divise le numérateur le dénominateur restant le même, si je multiplie le dénominateur le numérateur restant le même, je rendrai la fraction plus petite.

De là, je puis induire qu'on peut multiplier ou diviser une fraction par le même nombre sans rien changer à la valeur de cette fraction. Soit, par exemple, la fraction $^{2}/_{4}$; si je multiplie par 2 le numérateur de cette fraction, j'aurai $\frac{4}{4}$ fraction, 2 fois plus grande d'après le principe précédent. D'après le même principe, multipliant le dénominateur 4 par 2, je rendrai la fraction 2 fois plus petite, et ayant multiplié les deux termes 2 et 4 par 2, j'aurai $^{4}/_{8}$, fraction en termes différens égale à $^{2}/_{4}$. Et en effet, dans la première fraction $^{2}/_{4}$, l'unité se trouve partagée en 4 parties ; j'en ai deux, c'est-à-dire la moitié ; par la multiplication des deux termes par 2, la fraction $\frac{4}{8}$ me représente l'unité divisée en 8 parties, j'en prends 4, et 4 est la moitié de 8 ; la fraction, quant à la valeur, est donc la même en d'autres termes ; donc, je puis multiplier les deux termes d'une fraction par un même nombre, sans changer sa valeur.

Si j'avais divisé les deux termes par le même nombre, c'est-à-dire $^2/_4$ par 2, j'aurais eu $^1/_2$, ce qui par la preuve précédente, me porte à dire qu'on ne change point une fraction en divisant ses deux termes par un même nombre. (1)

Réduction des fractions au même dénominateur.

Puisqu'il est évident, d'après ce que nous avons dit, qu'on peut multiplier ou diviser les deux termes d'une fraction par le même nombre, sans altérer sa valeur, j'établis la réduction des fractions au même dénominateur sur ce principe.

On réduit plusieurs fractions au même dénominateur, en multipliant tous les dénominateurs entr'eux pour en former un dénominateur commun, et le numérateur de chaque fraction par le nombre qui aura servi à multiplier son dénominateur.

Soient à réduire au même dénominateur, $\frac{2}{3}\,\frac{3}{4}\,\frac{5}{6}$.

Je multiplie d'abord entr'eux les dénominateurs, et j'ai $3 \times 4 \times 6 = 72$, nombre que je prendrai pour dénominateur commun des trois fractions $\frac{2}{3}\,\frac{3}{4}\,\frac{5}{6}$. Ayant obtenu le nombre qui doit servir de dénominateur commun, j'observe, que pour ne rien changer à la valeur des fractions, je dois multiplier tous les nu-

(1) Ce serait se tromper que de croire qu'en ajoutant un même nombre au numérateur et au dénominateur, la fraction ne change point.

mérateur un à un, par le même nombre qui a servi à multiplier le dénominateur de chacun d'entr'eux. Ainsi, puisque j'ai multiplié le premier dénominateur 3 par 4×6, je multiplie 2 par 4×6 et j'ai $\frac{48}{72}$: 4, dénominateurs de la deuxième fraction, ayant été multiplié par 3×6, je multiplie le numérateur 3 par 3×6 et j'ai $\frac{54}{72}$; pour la troisième fraction $\frac{5}{6}$, je multiplie le numérateur 5 par 3×4 et j'ai $\frac{60}{72}$. L'opération étant terminée, j'ai pour résultat :

$\frac{48}{72}$ $\frac{54}{72}$ $\frac{60}{72}$ fractions équivalentes une à une à $\frac{2}{3}$ $\frac{3}{4}$ $\frac{5}{6}$.

Je pourrais encore réduire ces fractions au même dénominateur par la méthode suivante :

Elle consiste à chercher d'abord le plus petit multiple (1) des trois dénominateurs 3. 4. 6.; or 12 étant le plus petit des multiples de tous ces nombres, ou pour mieux m'expliquer le plus petit multiple qui puisse contenir les trois nombres, je prends 12 pour dénominateur, et divisant ensuite le dénominateur commun 12, par le dénominateur de chaque fraction, le quotient sera le nombre par lequel je devrai multiplier le numérateur ; ainsi, divisant 12 par 3, dénominateur de la première fraction, j'aurai un quotient 4 par lequel je multiplierai le numérateur 2, et j'aurai $\frac{8}{12} = \frac{2}{3}$. Pour la seconde fraction, 4 étant contenu 3 fois dans 12, j'aurai $\frac{9}{12} = \frac{3}{4}$; également, 6 étant contenu 2 fois dans 12, j'aurai $\frac{10}{12} = \frac{5}{6}$.

Observons que pour composer un multiple de plu-

(1) Un nombre est dit *multiple*, lorsqu'il contient exactement un autre nombre ; 4 sera multiple de 2, 9 de 3. Le nombre contenu s'appelle *sous-multiple*

sieurs nombres, et qui soit le plus petit possible, je dois décomposer les nombres en leurs facteurs premiers, et composer ensuite un nombre qui contienne comme facteurs, les facteurs premiers de chacun des nombres proposés.

Ainsi, par exemple, si l'on me donne à réduire $\frac{3}{4}$ $\frac{6}{10}$ $\frac{4}{12}$ $\frac{8}{27}$, au même dénominateur, je décompose les dénominateurs en leurs facteurs premiers, et j'ai. . . . .

$$\begin{cases} 4 = 2 \times 2 \\ 10 = 2 \times 5 \\ 12 = 2 \times 2 \times 3 \\ 27 = 3 \times 3 \times 3 \end{cases}$$

Je prends d'abord 2×2 facteurs de 4, pour avoir les facteurs de 12.

Il suffira d'ajouter à 2×2 un troisième facteur 3, et l'on aura $2 \times 2 \times 3$. Pour rendre le nombre multiple de 27, comme j'ai un premier facteur 3, j'ajouterai 3×3, et j'aurai $2 \times 2 \times 3 \times 3 \times 3$. Il ne me reste plus qu'à rendre le nombre multiple de 10, ce que je ferai en multipliant par 5, et j'aurai un dénominateur contenu dans le plus petit multiple des nombres 4. 10. 12. 27., et exprimé par les facteurs :

$2 \times 2 \times 3 \times 3 \times 3 \times 5 = 540$, dénominateur commun.

Il ne me reste plus pour terminer l'opération, qu'à faire comme pour les fractions $^2/_3$ $^3/_4$ $^5/_6$.

Réduction des fractions
A LEUR PLUS SIMPLE EXPRESSION.

Puisqu'il reste prouvé qu'on peut diviser les deux termes d'une fraction par un même nombre, sans altérer la valeur de cette fraction, si dans la fraction $\frac{15}{18}$, je divise ses deux termes par 3, j'aurai $\frac{15}{18} = \frac{5}{6}$. Lorsque les deux termes sont trop forts pour être simplifiés par une seule division, on les divise successivement par les facteurs premiers 2. 3. 5. 7. 9. 11. 13. etc. Cette opération devenant quelquefois aussi longue que pénible, on cherche un commun diviseur aux deux termes. Pour le trouver, on divise le terme le plus grand par le plus petit, et si la division se fait sans reste, on conclut que le terme le plus petit sera le commun diviseur des deux termes de la fraction. S'il y a un reste, divisez le nombre le plus petit par ce reste, et si la division ne se fait pas encore exactement, on divise le premier reste par le second, et ainsi de suite le précédent par le dernier, jusqu'à ce que la division se fasse exactement. Le dernier diviseur sera celui que l'on cherche.

Soit à trouver le plus grand commun diviseur de $\frac{468}{954}$.

Je divise d'abord 954 par 468, et j'ai au quotient 2, plus un reste 18 ; je divise 468 par 18, et ayant un quotient exact, je conclus que 18 est le plus grand commun diviseur de 468 et 954, ou de $^{468}/_{954}$. Je divise donc 468 par 18, et j'ai 26 ; 954 par 18, et j'ai 53 ; la fraction se trouve donc représentée par $^{26}/_{53}$; je dis qu'elle est réduite à sa plus simple expression, car 26 et 53 sont premiers entr'eux. (1)

Une fraction est irréductible, lorsqu'on trouve, en cherchant son plus grand commun diviseur, l'unité pour reste.

---

(1) On appelle *premier*, un nombre qui n'a d'autre diviseur que lui-même ou l'unité. Deux nombres sont premiers entr'eux, lorsqu'ils n'ont que l'unité pour diviseur commun.

On pourra, pour ces deux dernières opérations, s'exercer sur les exemples suivans :

Réduire au même dénominateur $\frac{1}{3}$ $\frac{3}{4}$ $\frac{7}{8}$ $\frac{9}{10}$.

Fractions réduites.

Par la première méthode. $\frac{320 \quad 720 \quad 840 \quad 864}{960}$

Par la deuxième méthode. $\frac{40 \quad 90 \quad 105 \quad 108}{120}$

Réduire au même dénominateur $4/_5$ $8/_{10}$ $17/_{27}$.

Fractions réduites.

Première méthode. $\frac{1080 \quad 1080 \quad 850}{1350}$

Deuxième méthode. $\frac{216 \quad 216 \quad 170}{270}$

Réduire au même dénominateur $1/_2$ $1/_3$ $1/_4$ $1/_5$ $1/_6$ $1/_9$ $1/_8$ $1/_9$.

Fractions réduites.

1re m. $\frac{181440.120960.90720.67536.60480.51.840.45360.40320}{362880}$

2me méth. $\frac{1260.840.630.504.420.360.315.280.}{2520}$

Réduire à sa plus simple expression $\frac{6785}{9863}$. Irréductible.

Réduire à sa plus simple expression :

$\frac{6390}{9720}$ commun diviseur 90, fraction réduite $\frac{71}{108}$.

On convertit une fraction en entier, en divisant le numérateur par le dénominateur : ainsi $\frac{12}{6} = 2$ entiers.

Pour convertir un entier en fraction, on donne à l'entier l'unité pour dénominateur, et on le met sous la forme fractionnaire. $23 = \frac{23}{1}$.

ADDITION.

Si l'on a bien compris ce qui précède, l'addition et la soustraction des fractions ne présentent aucune difficulté. Pour faire l'addition, on ajoute le numérateur des fractions données lorsqu'elles ont un même dénominateur ; ainsi le total des fractions $\frac{1}{5}+\frac{2}{5}+\frac{3}{5}+\frac{4}{5}=\frac{10}{5}=2$ entiers.

Lorsque les fractions n'ont pas le même dénominateur, on commence par les réduire, et l'opération se fait comme dans le premier cas. Ainsi, pour ajouter $\frac{2}{3}+\frac{3}{4}+\frac{5}{6}$, je transforme ces fractions, et j'ai les fractions suivantes :

$$\frac{48}{72}+\frac{54}{72}+\frac{60}{72}=\frac{162}{72}=2\,\frac{18}{72} \text{ : ou } 2\,\frac{2}{8} \text{ ou } 2\,\frac{1}{4},$$

réduisant la fraction $^{18}/_{72}$ à sa plus simple expression.

Si j'avais des entiers joints aux fractions, je réduirais d'abord les fractions au même dénominateur ; je déduirais du total des fractions les entiers qu'il contiendrait, et les portant aux unités entières, je continuerais l'addition.

Je suppose que l'on me donne à ajouter . . . .

Après avoir réduit les fractions au même dénominateur, j'ajoute les numérateurs, et leur total m'ayant donné 2 entiers $^{19}/_{24}$, je pose la fraction $^{19}/_{24}$ sous la colonne des fractions, transportant les 2 entiers à la colonne des unités; et continuant l'addition, j'ai pour total 152 $^{19}/_{24}$.

			24	
46.	$^{2}/_{3}$	=	16	fr^s. réd^tes.
47.	$^{3}/_{4}$	=	18	
40.	$^{5}/_{6}$	=	20	
27.	$^{7}/_{8}$	=	21	
152.	$^{19}/_{24}$		67	24
			19	2 ent.^s

SOUSTRACTION.

Pour retrancher une fraction d'une autre, il faut

encore les réduire au même dénominateur, si celui qu'ils ont n'est pas le même ; on cherche ensuite la différence qui existe entre les numérateurs, et l'ayant trouvée, on écrit dessous le dénominateur commun. Ainsi, $\frac{3}{4} - \frac{2}{3} = \frac{9}{12} - \frac{8}{12} = \frac{9-8}{12} = \frac{1}{12}$.

Lorsqu'il se trouve des entiers joints aux fractions, après avoir placé les nombres, comme il est dit à l'article soustraction, on réduit les fractions au même dénominateur, et l'on opère d'après les règles données pour cette opération.

Soit par exemple de	453.	$^{2}/_{3}$	$\frac{12}{8}$
Oter	282.	$^{3}/_{4}$	9
Reste	170.	$^{11}/_{13}$	

Après avoir réduit les fractions au même dénominateur, ne pouvant retrancher $^{9}/_{12}$ de $^{8}/_{12}$, j'emprunte une unité sur le chiffre 3, et l'ajoutant, après l'avoir décomposé en $^{12}/_{12}$ au chiffre 8, j'ai $^{20}/_{12}$, d'où retranchant $^{9}/_{12}$, il me reste $^{11}/_{12}$ que j'écris sous les fractions. Je continue ensuite l'opération d'après les règles déjà données, et j'ai pour reste 170 $^{11}/_{12}$.

MULTIPLICATION.

Multiplier un nombre, avons-nous déjà dit, c'est le répéter autant de fois qu'il y a d'unités ou de parties d'unités dans un autre nombre donné. Donnons à cette définition plus d'étendue, et disons que la multiplication est cette opération par laquelle on compose un nombre appelé *produit*, en fesant contenir dans ce nombre le multiplicande autant de fois que l'unité est contenue dans le multiplicateur. Ainsi, quand je dis :

$$12 \times 3 = 36$$

Le produit 36 contient le multiplicande 12, 3 fois, parce que le multiplicateur contient 3 fois l'unité.

De là je conclus, que si le multiplicateur était moindre que l'unité, que j'eusse à multiplier, par exemple, par $^1/_4$, je devrais prendre seulement le $^1/_4$ du multiplicande, puisque le multiplicateur ne contiendrait que le $^1/_4$ de l'unité. Je dirai donc, en résumé, que multiplier un nombre, c'est composer un autre nombre qui contienne le multiplicande comme le multiplicateur contient l'unité.

Cela posé, je dis que dans la multiplication des fractions se trouvent trois cas distincts : ou l'on a une fraction à multiplier par un entier, ou une fraction par une fraction, ou un entier par une fraction.

Pour multiplier une fraction par un entier, par exemple $^2/_4 \times 5$, l'opération se réduit à multiplier le numérateur 2 par l'entier 5, et le produit de $^2/_4 \times 5 = {^{10}/_4}$. J'observe, pour l'intelligence de cette opération, que multiplier une fraction par un entier, c'est rendre cette fraction plus grande ; or, on augmente une fraction en multipliant son numérateur.

Pour multiplier une fraction par une fraction, je multiplie le numérateur de l'une par le numérateur de l'autre, le dénominateur de la première par le dénominateur de la seconde, conservant aux produits leur forme fractionnaire. Si l'on me donnait, par exemple, $\frac{2}{3} \times \frac{3}{4}$, le produit de cette opération serait $\frac{6}{12}$.

En effet, si l'on m'avait donné $\frac{2}{3}$ à multiplier par 3, le produit $^6/_3$ m'aurait représenté le vrai produit ; mais ayant à multiplier par $\frac{3}{4}$, ce produit sera 4 fois trop grand : je dois donc, pour le rendre à sa juste valeur, rendre la fraction $^6/_3$ qui le représente, 4 fois plus petite, ce que je ferai en multipliant le dénominateur 3 par 4, et l'opération sera ainsi bien faite. Donc, $\frac{2}{3} \times \frac{3}{4} = \frac{2 \times 3}{3 \times 4} = {}^6/_{12}$.

Pour multiplier un entier par une fraction, je mets l'entier sous la forme fractionnaire, en lui donnant l'unité pour dénominateur, et j'opère comme si j'avais une fraction à multiplier par une fraction.

Si j'avais un nombre fractionnaire à multiplier par un nombre fractionnaire, par exemple, $4\ {}^5/_6 \times 2\ {}^3/_4$, je changerais ces nombres en $^{29}/_6 \times {}^{11}/_4$, réduisant les entiers en fractions de l'espèce du facteur auquel ils appartiennent, ajoutant le numérateur de chaque facteur au résultat de sa réduction, et j'aurais :

$$4\ {}^5/_6 \times 2\ {}^3/_4 = {}^{29}/_6 \times {}^{11}/_4 = \frac{29 \times 11}{6 \times 4} = \frac{319}{24} = 13\ {}^7/_{24}.$$

On appelle fractions des fractions, des fractions juxtà-posées, et que l'on évalue en multipliant successivement les numérateurs par les numérateurs, les dénominateurs par les dénominateurs, et n'en formant qu'une seule fraction. Ainsi, par exemple, les

$$^2/_3 \text{ de } {}^3/_4 \text{ de } {}^4/_5 = \frac{2 \times 3 \times 4}{3 \times 4 \times 5} = \frac{24}{60}.$$

DIVISION.

Je distingue trois cas dans la division des fractions :

Premier cas. Lorsque j'ai une fraction à diviser

par un nombre entier; j'observe que cette opération consiste à trouver une fraction moindre que celle à diviser. Si j'avais, par exemple, $\frac{4}{8} \div 2$, l'opération se réduirait à dire $\frac{4}{8} \div 2 = \frac{4 \div 2}{8} = {}^2/_8$, en divisant le numérateur de la fraction; ou bien on pourrait dire encore $\frac{4}{8} \div 2 = \frac{4}{8 \times 2} = \frac{4}{16}$ en multipliant le dénominateur de la fraction. Or, nous avons vu qu'on rend une fraction plus petite, en divisant le numérateur, ou en multipliant le dénominateur de cette fraction.

Deuxième cas. Une fraction à diviser par une fraction : $\frac{4}{5} \div \frac{2}{3}$. Je renverse la fraction diviseur et j'ai :

$$\frac{4}{5} \div \frac{2}{3} = \frac{4 \times 3}{5 \times 2} = \frac{12}{10}.$$

Pour prouver l'exactitude de cette opération, j'observe que si j'avais eu ${}^4/_5 \div 2$, j'aurais eu un quotient ${}^4/_{10}$, mais j'ai à diviser par ${}^2/_3$, ou deux fois la troisième partie de l'unité; le quotient ${}^4/_{10}$ est trois fois trop petit; pour le rendre exact, je le rends 3 fois plus fort en multipliant le numérateur du quotient ${}^4/_{10}$ par 3. L'opération sera donc bien faite en disant :

$${}^4/_5 \div {}^2/_3 = \frac{4 \times 3}{5 \times 2} = \frac{12}{10}.$$

Troisième cas. Si l'on me donne un entier à diviser par une fraction, je place l'entier sous la forme fractionnaire, en lui donnant l'unité pour dénominateur, et j'opère comme dans le second cas.

Pour diviser un nombre fractionnaire par un autre nombre fractionnaire, je fais comme je l'ai dit à la multiplication des fractions, et j'opère comme dans le second cas. Ainsi :

$$4\ {}^{1}/_{2} \div 3\ {}^{2}/_{5} = \frac{9}{2} \div \frac{17}{5} = \frac{9 \times 5}{17 \times 2} = \frac{45}{34}.$$

Réduction des Fractions ordinaires en Décimales, et réciproquement.

Pour réduire une fraction ordinaire, $^{3}/_{4}$ par exemple, en fraction décimale, je considère $^{3}/_{4}$ comme reste de division ; 3 ne pouvant seul contenir 4, j'ajoute un zéro au dividende 3, et j'ai au quotient 7, plus un reste, 2. J'ajoute encore un zéro au 2, et j'ai un quotient exact 5. Mais j'observe que le quotient 75 ne saurait être le quotient exact, car, en ajoutant zéro au dividende 3, je l'ai rendu 10 fois plus grand qu'il ne l'était ; il devra me donner, par conséquent, un quotient 10 fois trop fort. Je le rends à sa juste valeur en réduisant 7 en dixièmes, 5 en centièmes, ce que je fais en plaçant un zéro à la place des unités, et séparant le nombre 75 par une virgule, j'ai :

$$0{,}75 = {}^{3}/_{4}.$$

Pour réduire 0,25 en décimales, je prends 25 pour numérateur, et j'écris : $0{,}25 = \frac{25}{100}$ $0{,}345 = \frac{345}{1000}$.

Nombres Complexes.

On appelle *nombres complexes*, ceux qui, outre l'unité principale, renferment encore des subdivisions de cette unité. Ainsi, quand je dis, $4^{tt}\ 15^{s}$, j'ai, outre les unités principales, 4^{tt}, des subdivisions de ces unités représentées par 15^{s}. Ce nombre est donc un *nombre complexe*.

Cette espèce de nombres ne diffère des nombres fractionnaires que par la forme, car le nombre 15^s représentant des subdivisions de 1^{tt}, et 1^{tt} se composant de 20^s, on pourrait représenter les subdivisions 15 par $^{15}/_{20}$, et au lieu de dire 4^{tt} 15^s, on dirait alors 4^{tt} $\frac{15}{20}$. Les opérations, en considérant les nombres complexes sous ce dernier point de vue, pouvant devenir trop longues, je leur conserverai leur forme ordinaire.

ADDITION.

On place les nombres à ajouter les uns sous les autres, en plaçant dans la même colonne les unités d'espèce égale. On ajoute les chiffres de chaque colonne, observant de retenir les unités d'ordre supérieur qu'elle donne et de les transporter à la colonne suivante. Pour faciliter les opérations dans les *nombres complexes*, j'expliquerai la valeur des diverses unités principales.

1 toise	vaut	6	pieds.	1 lb	vaut	2	marcs.
1 pied	//	12	pouces.	1 marc	//	8	onces.
1 pouce	//	12	lignes.	1 once	//	8	gros.
1 ligne	//	12	points.	1 gros	//	3	deniers.
				1 denier	//	24	grains.

1^{tt}	vaut	20^s
1^s	//	12^d

Cela posé, soit à ajouter :

275^{tt} 17^s 6^d + 249^{tt} 12^s 6^d + 194^{tt} 19^s 11^d.

Je pose d'abord les nombres	275^{tt}	17^s	6^d
	249	12	6
	194	19	11
Total. . . .	720^{tt}	9^s	11^d

J'ajoute d'abord la colonne des deniers, et du total 23 deniers, je déduis 12 deniers, valeur de 1^s.

Je pose 11 deniers sous la colonne des deniers, et je porte le sou que j'ai retenu à la colonne suivante. 1 de retenu et 7 font 8, et 2 font 10, et 9 font 19ˢ. Je pose 9, et je retiens une dixaine de sous que je porte aux dixaines, j'ai 4 dixaines, c'est-à-dire 2ᵗᵗ, que je porte à la colonne des unités de livres, et continuant l'addition, j'ai pour total 720ᵗᵗ 9ˢ 6ᵈ.

SOUSTRACTION.

Un seul exemple suffira pour faire concevoir comment on fait la soustraction dans les nombres complexes. Que j'aie, par exemple, 270ᵗᵗ 19ˢ 7ᵈ à retrancher de 470ᵗᵗ 15ˢ. Je dis :

De	470ᵗᵗ	15ˢ	
Otez	270	19	7ᵈ
Reste	199ᵗᵗ	15ˢ	5ᵈ

N'ayant pas de deniers au nombre supérieur, j'emprunte 1ˢ à la colonne des sous. Je le décompose en deniers, et retranchant 7 deniers de 12 deniers, il me reste 5 deniers. De 14ˢ ôtez 19ˢ, cela ne se peut, ne pouvant emprunter sur le premier chiffre des livres qui est zéro, j'emprunte une dixaine sur le chiffre 7, je laisse 9 unités sur zéro, et l'unité de livres qui reste, je la décompose en 20ˢ, que j'ajoute à 14. De 34 ôtez 19, reste 15. Passant aux livres, de 9 ôtez zéro reste 9, etc. La différence sera donc 199ᵗᵗ 15ˢ 5ᵈ.

MULTIPLICATION.

La multiplication des nombres complexes se réduit à des principes simples dans la théorie, quoique en apparence compliqués dans la pratique. Afin d'éloigner toute difficulté, on n'a qu'à se conformer aux principes suivans.

1°. Faire d'abord attention aux unités dont le produit se compose. Comme ces unités sont toujours de la même nature que les unités du multiplicande, distinguer soigneusement ce facteur du multiplicateur. On prendra donc toujours pour multiplicande, celui des deux facteurs dont les unités sont de même nature que les unités du produit, car le multiplicateur doit toujours être considéré comme nombre abstrait.

2°. Multiplier les unités entières du multiplicande par les unités entières du multiplicateur, les subdivisions du multiplicande par les unités entières du multiplicateur, les unités entières et les subdivisions du multiplicande, par les subdivisions du multiplicateur. Je m'explique :

On commence d'abord par la multiplication des entiers par les entiers. ; on multiplie ensuite les subdivisions du multiplicande, en prenant ces subdivisions sur les entiers du multiplicateur ; on prend enfin les subdivisions du multiplicateur sur les entiers et les subdivisions du multiplicande, afin de multiplier tout le multiplicande par tout le multiplicateur.

3°. Après avoir formé divers produits partiels par ces multiplications, les ajouter pour en former un produit total. J'explique ces principes par un exemple.

La toise de terre vaut $12^{\text{₶}}$ 10^{s} 11^{d}. Que vaudront 65 toises 5 pieds 6 pouces? Il est évident que je veux avoir au produit des livres, sols et deniers ; je prendrai donc pour multiplicande $12^{\text{₶}}$ 10^{s} 11^{d} ; 65 toises, 5 pieds 6 pouces pour multiplicateur.

Je dirai donc :

A		12^{tt} 10^{s} 11^{d} la toise					
combien		65 t. 5 p. 6 p. ?					
		60^{tt}					
		72					
D. 10^{s}	$1/2$	32	10^{s}				
F. P. 1	$1/10$	3	5				
6^{tt}	$1/2$	1	12	6^{d}			
3	$1/4$	0	16	3		12	
2	$1/6$	0	10	10		—	
3 p.	$1/2$	6	5	5	$1/2$	6	
1	$1/6$	2	1	9	$5/6$	10	
1	//	2	1	9	$5/6$	10	
6 p.	$1/2$	1	0	10	$11/12$	11	
65 t. 5 p. 6. p. v.^{t}		826^{tt}	19^{s}	7^{d}	$1/2$	37	12
						1	3

Je cherche d'abord le prix de 65 toises à 12^{tt}, en multipliant 12^{tt}, prix de la toise, par 65 t. Pour trouver le prix de 65 à 10^{s}, je dis : chaque toise à 1^{tt} donnerait 65^{tt} ; à 10^{s} j'aurai donc la moitié ; je prends pour 10^{s} une moitié afin de pouvoir prendre les deniers. Je suppose un produit par un sou, et j'ai 3^{tt} 5^{s}, que je biffe comme ne devant pas être porté au produit total. Connaissant le prix de 6 toises à 1^{s}, je le cherche à 11^{d}, ce que je fais en prenant la $1/2$, le $1/4$ et le $1/6$. J'ai jusqu'ici le prix de 65 toises à 12^{tt} 10^{s} 11^{d}. Il me reste à connaître le prix de 5 pieds 6 pouces. Puisque chaque toise vaut 12^{tt} 10^{s} 11^{d}, 5 pieds vaudront les $5/6$ de 12^{tt} 10^{s} 11^{d}, en prenant pour 3 pieds la $1/2$ de 12^{tt} 10^{s} 11^{d}, et pour 2 pieds 2 fois le $1/6$. Connaissant le prix du pied, je cherche celui de 6 pouces en prenant la moitié de ce que j'ai eu pour 1 pied. Ayant obtenu les divers produits contenus dans mes facteurs, je les ajoute, et j'ai 826^{tt} 19^{s} 7^{d} $1/12$, valeur de 65 toises 5 pieds 6 pouces, à 12^{tt} 10^{s} 11^{d} la toise.

Trouver la valeur de 63 toises 4 pieds 6 pouces, à 35^{tt} 6^{s} 10^{d} $^{2}/_{3}$ la toise.

		A	35^{tt}	6^{s}	10^{d} $^{2}/_{3}$ la toise		
que vaudront			63 t.	4 p.	6 p. ?		
			105^{tt}				
			210				
Pour	5^{s}	$^{1}/_{4}$	15^{tt}	15^{s}			
"	1	$^{1}/_{20}$	3	3			
"	6	$^{1}/_{2}$	1	11	6		
"	3	$^{1}/_{4}$	0	15	9		
"	1	$^{1}/_{12}$	0	5	3		
"	$^{1}/_{3}$		0	1	9		
"	"		0	1	9		36
"	3 p.ds	$^{1}/_{2}$	17	13	5	$^{4}/_{6}$	24
"	1 "	$^{1}/_{6}$	5	17	9	$^{14}/_{18}$	28
"	6 "	$^{1}/_{3}$	2	18	10	$^{32}/_{36}$	32
			2253^{tt}	4^{s}	2^{d}	$^{1}/_{3}$	84 | 36
							12 | 2 $^{12}/_{36}$ ou $^{1}/_{3}$.

Après avoir placé le multiplicande et le multiplicateur à leur place respective, je cherche d'abord le prix de 63 toises à 35^{tt} 6^{s} 10^{d} $^{2}/_{3}$; ce que je fais en multipliant d'abord 35^{tt} par 63 toises, et prenant, comme dans l'opération précédente, les subdivisions 6^{s} 10^{d} $^{2}/_{3}$ sur les entiers du multiplicateur. Cela fait, j'ai le prix de 63 toises à 35^{tt} 6^{s} 10^{d} $^{2}/_{3}$.

Pour trouver le prix de 4 pieds 6 pouces, je prends ces subdivisions de l'unité principale 63 toises, sur les entiers du multiplicande 35^{tt}, et sur ses subdivisions 6^{s} 10^{d} $^{2}/_{3}$. Après avoir multiplié tous les chiffres du multiplicande par tous les chiffres du multiplicateur, j'ai divers produits partiels que je réunis par l'addition, et j'ai 2253^{tt} 4^{s} 2^{d} $^{1}/_{3}$, valeur de 63 toises 4 pieds 6 pouces, à 35^{tt} 6^{s} 10^{d} $^{2}/_{3}$ la toise.

DIVISION.

Toute division n'est, à proprement parler, qu'une multiplication renversée, ayant pour produit le dividende, pour facteurs le diviseur et le quotient. Il suit de là que l'un ou l'autre de ces deux nombres doit être un nombre abstrait, et l'autre de même nature que le dividende.

Les règles à suivre dans la division des nombres complexes se réduisent aux principes suivans :

1. Si le diviseur est un nombre complexe, on réduit ce nombre à sa plus petite espèce, ayant soin de multiplier le dividende par les mêmes nombres que le diviseur. Ainsi, dans ce problême, j'ai payé 45₶ 6 toises 4 pieds d'ouvrage, combien vaut la toise? Je réduis 6 toises en pieds, ce qui se fait en multipliant 6 toises par 6 pieds, valeur de la toise, et le diviseur devient 40 pieds; mais en multipliant le diviseur, je l'ai rendu plus grand, et si je fesais ainsi l'opération, le quotient serait trop petit; pour conserver la même proportion entre le diviseur et le dividende, je multiplierai celui-ci par 6 et le quotient sera exact. (n°. 1.)

2. Si le dividende et le diviseur sont de même nature, je les réduis également tous deux, et j'opère comme sur des nombres abstraits. Ainsi, dans ce problême : la toise coûtant 3₶ 15^{s}, combien aurai-je de toises pour 80₶? Autant de fois 3₶ 15^{s} seront contenus dans 80₶ autant j'aurai de toises. Je réduis donc 3₶ 15^{s} en sous, ainsi que 80₶; et j'opère. (n°. 2.)

3. Si les deux termes étant complexes, sont de

nature différente, on agit comme dans le premier cas. Ainsi, 20 toises 5 pieds coûtent 68^{lt} 12^{s} 6^{d}, que vaut la toise? 20 toises 5 pieds, nombre diviseur, sera réduit en pieds, comme ci-dessus; et pour ne rien changer à la valeur du quotient, je multiplierai 68^{lt} 12^{s} 6^{d}, nombre dividende, par le nombre qui a servi à multiplier le diviseur, c'est-à-dire par 6. (3)

(1) Pour 45^{lt} on a 6 toises 4 pieds, que vaut la toise? *Réponse.* 6^{lt} 15.

```
 45 | 6 t. 4 p.
  6 | 6 valeur de la toise.
----|----
270 | 40
 30 |
  20  6lt 15s
----
600
200
  0
```

(2) Combien aurai-je de toises pour 80^{lt}, la toise coût. 3^{lt} 15^{s}? *Réponse.* 21 t. $^{25}/_{75}$ ou $^{1}/_{3}$.

```
  80 | 3lt 15s
  20 | 20
-----|-----
1600 | 75
 100 |------
  25 | 21 25/75 ou 1/3.
```

(3) 20 toises 5 pieds coûtent 40^{lt} 10^{s} 6^{d}, combien la toise? *Réponse.* 1^{lt} 18^{s} 10^{d} $^{106}/_{125}$.

```
40lt  10s  6d | 20 t. 5 p.
            6 |  6
--------------|-----
243lt  3s   . | 125
118         . |------------------
  20          | 1lt 18s 10d 106/125.
----
2363
1113
 113
  12
----
1356
 106
```

En général, dans la division des nombres complexes, le dividende et le diviseur doivent être multipliés par le même nombre.

On pourra s'exercer sur les problêmes suivans :

1. 45 toises 5 pieds ont coûté 634^{lt}, combien vaut la toise? *Réponse.* La toise vaut 13^{lt} 16^{s} 7^{d} $^{27}/_{55}$.

2. On a pour 64₶ 25 pieds 6 pouces de planches ; on demande quel sera le prix du pied ? *Réponse*. Le prix du pied sera 2₶ $10^s\,2^d\,\frac{6}{17}$.

3. On paie 647₶ pour 205 toises 5 pieds 6 pouces de muraille, que doit coûter chaque toise ? *Réponse*. La toise vaut 3₶ $2^s\,10^d\,\frac{452}{4942}$.

4. Combien aurai-je de bœufs pour 2535₶ $10^s\,6^d$, le prix de chaque bœuf étant 300₶ 15^s ? *Réponse*. J'aurai 8 bœufs et il me restera 12₶ $19^s\,6^d$.

5. Combien aurai-je de livres de soie, si la livre coûte 32₶ 5^s, en donnant 4745₶ 12^s ? *Réponse*. J'aurai 147₶ $\frac{197}{645}$.

6. 85 toises 3 pieds coûtent 675₶ $12^s\,6^d$, que vaut chaque toise ? *Rép*. Chaque toise vaut 7₶ $18^s\,6^d\,\frac{31}{171}$.

7. 25 aunes 3 pans de toile coûtent 125₶ $10^s\,6^d$, que vaut l'aune ? *Rép*. L'aune vaudra 5₶ $6^s\,4^d\,\frac{62}{118}$.

8. 1250₶ 15 onces de cire ont coûté 1374₶ $11^s\,6^d$ que vaut la livre ? La livre vaudra 1₶ $1^s\,11^d\,\frac{2531}{3553}$.

Rapports et Proportions.

Les diverses opérations que nous avons faites jusqu'ici sur les nombres, n'ont pour but que de les composer et de les décomposer. Il nous reste à connaitre la méthode à suivre pour les comparer entr'eux. On compare les nombres entr'eux au moyen des rapports et des proportions.

On appelle *rapport* le résultat de la comparaison de deux quantités. On compare les quantités entr'elles, soit en considérant leur différence, soit en considérant la capacité de l'une par rapport à l'autre.

De là deux sortes de rapports, les uns appelés arithmétiques, les autres géométriques.

On appelle rapport arithmétique la différence qui existe entre deux nombres; le quotient de deux quantités est leur rapport géométrique. Ainsi le rapport arithmétique de 8 à 2 est 6, le rapport géométrique de ces deux nombres sera 4; en effet $8 - 2 = 6$ et $8 : 2 = 4$.

On peut ajouter aux deux termes d'un rapport arithmétique une même quantité, sans rien changer à ce rapport. En effet, si aux deux termes du rapport, 8 est à 2, j'ajoute une quantité égale 6, j'aurai 14 est à 8, rapport égal au premier en d'autres termes : car si $8 - 2 = 6$; $14 - 8 = 6$.

On peut multiplier les deux termes d'un rapport géométrique par le même nombre, sans rien changer à la valeur de ce rapport : car si je multiplie les deux termes du rapport 8 est à 2 par 4 j'aurai 8 est à $2 = \frac{8 \times 4}{2 \times 4} = 32$ est à 8.

On appelle proportion l'assemblage de deux rapports égaux. Comme nous distinguons deux sortes de rapports, nous distinguons aussi deux sortes de proportions, l'une arithmétique, la seconde géométrique. La proportion arithmétique s'écrit : 8 est à 2 comme 7 est à 2; ou bien remplaçant le mot est à par un . et le mot *comme*, placé entre les deux rapports, par : on écrit 8 . 2 : 7 . 1.

La proportion géométrique s'écrit ainsi :
8 est à 2 comme 12 est à 3, ou plus simplement, 8 : 2 : : 12 : 3.

On distingue dans toute proportion quatre choses : les moyens, les extrêmes, les antécédents et les conséquents.

On appelle moyens les termes qui tiennent le milieu de la proportion; ainsi, dans 8 : 2 : : 12 : 3, les termes 2 et 12 sont appelés moyens, 8 et 3 sont les extrêmes ; le premier terme d'un rapport se nomme antécédent ; 8 et 12 seront les antécédents dans la proportion ci-dessus, 2 et 3 les conséquents, dans la même proportion. Quand dans une proportion les moyens sont égaux, on appelle cette proportion continue, et on l'écrit : ÷ 5 : 10 : 20, ce qui revient à dire 5 : 10 : : 10 : 20.

Dans toute proportion, la somme des extrêmes est toujours égale à celle des moyens, soit la proportion 6 : 3 : : 4 : 2, par exemple.

Pour que la proportion soit d'après les règles, il faut que les termes de chaque rapport soient également contenus l'un dans l'autre : donc si 6 contient 3 deux fois, je devrai trouver 2 également contenu 2 fois dans 4. Le moyen 3 sera donc 2 fois plus petit que l'extrême 6 ; mais le second moyen 4 étant deux fois plus grand que l'extrême 2, il y aura compensation et la somme des moyens sera égale à celle des extrêmes. En effet les extrêmes $6 \times 2 = 12$; les moyens $3 \times 4 = 12$. Or dans toute proportion correctement placée l'antécédent de chaque rapport contient ou est contenu dans son conséquent un égal nombre de fois, de sorte que l'on doit trouver cette proportion : le premier antécédent est au premier conséquent, comme le second antécédent est au second conséquent ; donc, dans toute proportion, la somme des moyens doit être égale à la somme des extrêmes, et *vice versà.*

De ce premier principe découle naturellement le principe suivant :

Pour trouver le quatrième terme d'une proportion 4 : 8 : : 6 : X (X représente le quatrième terme inconnu), dans laquelle je connais un extrême et deux moyens, je multiplie les moyens entr'eux, et je divise par l'extrême connu. En effet, puisque 4 étant multiplié par l'extrême inconnu, doit produire la même somme que les deux moyens 8 × 6, connaissant cette somme et la divisant par 4, je trouverai l'extrême inconnu, puisqu'il a été démontré que divisant le produit par l'un de ses facteurs, je dois retrouver l'autre facteur. Divisant donc par 4 le produit 48 des moyens 8 × 6, j'aurai 12, et la proportion 4 : 8 : : 6 : 12 sera juste, puisque la somme des extrêmes sera égale à la somme des moyens.

Si je connaissais dans une proportion les extrêmes, et que l'un des moyens fût inconnu, je multiplierais les extrêmes entr'eux, et je diviserais par le moyen connu. C'est ainsi que la proportion commencée 6 : X : : 4 : 8, me donnerait 6 : 12 : : 4 : 8.

Règles de Trois et autres Règles qui dépendent des Proportions.

De ces principes bien entendus, il est aisé de passer aux questions auxquelles ils s'appliquent. La première, la plus étendue, et celle d'où toutes les autres dépendent, c'est la règle de *trois*. Elle se réduit à trouver le quatrième terme d'une proportion dont les trois premiers sont connus. Toute la difficulté de cette règle consiste à bien placer les termes ; cela fait, on n'a qu'à suivre les règles données pour trouver le quatrième terme inconnu.

C'est afin d'applanir cette difficulté, qu'on a distingué deux sortes de règles : l'une *directe*, l'autre *inverse*, et qu'on a donné, pour chacune d'elles, des règles qui doivent diriger dans le placement des termes.

Règle de Trois Directe.

La règle de *trois* est directe, lorsque le plus de sa quantité principale donne le plus de sa quantité relative, et *vice versà*, lorsque le moins de l'une donne le moins de l'autre. (1)

Dans le problème suivant, par exemple :

4 ouvriers ont fait en un certain temps 20 toises d'ouvrage, que feront 8 ouvriers dans le même espace de temps ?

Proportion $4 : 8 :: 20 : X = 40$ toises.

$$\begin{array}{r|l} 8 & \\ \hline 160 & 4 \\ \cline{2-2} 00 & 40 \text{ t.} \end{array}$$

(1) On appelle *quantité principale*, celle qui tient le premier rang dans la proportion, et de laquelle dépend une autre quantité qu'on appelle *relative*. Ainsi, dans cette proposition, 4 ouvriers font 20 aunes, que feront 8 ouvriers ? 4 ouvriers et 8 ouvriers sont deux *quantités principales*, puisque 20 aunes et le nombre d'aunes inconnu, et que l'on cherche, dépend d'eux ; 20 aunes et le nombre inconnu, sont les *quantités relatives*.

Puisque l'on suppose que tous les ouvriers travaillent également, et aussi long-temps les uns que les autres, il est évident que plus il y aura de travailleurs et plus il se fera d'ouvrage. L'opération à faire me représentera donc une règle de *trois directe*, et se réduira à trouver le quatrième terme inconnu de la proportion 4 : 8 : : 20 : X. Je n'ai donc plus qu'à multiplier les moyens entr'eux, et diviser par l'extrême connu. J'ai pour résultat 40 toises, quatrième terme de la proportion, qui sera exacte, puisque 4 sera contenu dans 8 autant de fois que 20 le sera dans 40, et que par conséquent le produit des extrêmes sera égal à celui des moyens.

Pour réduire ce problème, il n'est besoin d'aucune opération, puisqu'il est évident, que 8 ouvriers feront double d'ouvrage que 4 ouvriers, supposant toujours que la seconde troupe travaille autant et aussi long-temps que la première.

N. B. Je crois utile d'observer que pour bien placer une proposition, on doit toujours placer ensemble, et comme formant un premier rapport, les deux termes homogènes (1).

Il ne faut donc pour faire une règle de *trois directe*, après avoir placé les termes dans l'ordre indiqué, que multiplier les moyens entr'eux, et diviser par l'extrême connu.

Règle de Trois Inverse.

La règle de *trois inverse* est celle dans laquelle le plus d'une quantité principale, donne le moins de sa quantité relative, et *vice versà*, dans laquelle le moins de l'une donne le plus de l'autre. Pour faire cette opération, on multiplie la quantité principale par sa relative connue, et l'on divise le produit par la seconde quantité principale. Soit, par exemple :

---

(1) On appelle *termes*, ou *quantités homogènes* ceux qui sont de même espèce.

10 ouvriers font 25 toises d'ouvrage en 8 jours, quel temps faudra-t-il à 20 ouvriers pour faire ce même ouvrage?

Réponse. 4 jours.

20 : 10 : : 8 : X = 4 jours.

```
  8 |
 ---|
 80 | 20
 .. |-------
    | 4 jours.
```

Il est évident que plus il y aura d'ouvriers et moins il faudra de temps pour faire l'ouvrage; la règle est donc inverse. Pour la faire, je change les termes de place, c'est-à-dire que je mets la seconde principale au premier rang, plaçant sa quantité homogène après elle, et qu'au lieu de dire 10 : 20 : : 8 : X, (ce qui pourrait se faire cependant), je place la proportion en rendant direct le rapport entre la quantité d'ouvriers avec celui des jours, et je dis 20 : 10 : : 8 : X. Je multiplie ensuite la première quantité principale, 10 ouvriers, par sa relative 8 jours, et divisant le produit 80 par la seconde principale 20, j'obtiens la seconde relative, 4 jours. J'ai donc la proportion 20 : 10 : : 8 : 4, dans laquelle le produit des extrêmes est égal au produit des moyens.

Règle de Trois composée.

Les règles de *trois* dont nous avons parlé, sont appelées *simples*, parce qu'entre la quantité cherchée et les autres quantités elles ont un rapport simple et déterminé, et qu'elles ne dépendent que d'une seule combinaison. La règle de *trois* dont nous allons parler a ses quantités relatives qui dépendent de plusieurs couples de quantités principales. Elle semble exiger plusieurs règles de *trois*, mais il est facile de la réduire à une seule, comme on le verra par l'exemple suivant.

EXEMPLE.

3 hommes en 10 jours, travaillant 10 heures par jour,

ont fait 50 toises d'ouvrage; que feront 20 hommes en 8 jours travaillant 12 heures par jour? *Réponse*. 320.

3 hommes travaillant pendant 10 jours feront autant d'ouvrage que 30 hommes travaillant un seul jour : car si j'ai 10 fois plus d'ouvriers, j'ai aussi 10 fois moins de jours de travail ; par la même raison, 30 hommes travaillant 10 heures feront le même ouvrage que 300 hommes travaillant une heure. D'un autre côté, 20 hommes travaillant 8 jours = 160 hommes travaillant 1 jour, et 160 hommes travaillant 12 heures par jour seront la même chose que 1920 hommes travaillant 1 heure. Or, pour obtenir ces résultats je n'ai eu qu'à multiplier entr'eux les termes 3 hommes, 10 jours, 10 heures; et d'un autre côté 20 hommes 8 jours 12 heures. Je n'ai donc plus que les deux termes 300 et 1920, me représentant les deux principales de la proportion. La principale 1920, plus forte que 300, devant me donner la relative cherchée, plus forte que 50 toises, puisque plus il y aura d'ouvriers et plus j'aurai de toises, la règle sera directe, et j'aurai la proportion : 300 : 1920 : : 50 : X.

Trouvant les termes 300 et 1920 du premier rapport trop grands, je puis les diminuer en les divisant tous deux par le même nombre, car on peut diviser également les deux termes d'un même rapport sans changer le rapport; je dirai donc :

$$300 \div 10 = 30 \div 3 = 10 \div 2 = 5$$

Pour le premier terme ou l'antécédent du rapport.

Pour le conséquent,

$$1920 \div 10 = 192 \div 3 = 64 \div 2 = 32.$$

Et au lieu de la première proportion, j'aurai 5 : 32 : : 50 : X. L'opération se réduira donc à multiplier les moyens entr'eux, et diviser par l'extrême connu.

OPÉRATION.

3 hommes travaillant 10 jours à 10 heures par jour : 20 hommes travaillant 8 jours et 12 heures par jour : : 50 h. : X
$3 \times 10 \times 10 = 300 : 20 \times 8 \times 12 = 1920 : : 50 : X$.

Ou bien plus simplement : 300 : 1920 : : 50 : X.
et après avoir réduit les termes 5 : 32 : : 50 : X. = 320

```
  50
1600 | 5
  10 |320
  00 |
```

Pour réduire les règles de *trois*, il est un autre méthode connue sous le nom de *rapport à l'unité*, qui consiste à prendre l'unité pour terme de comparaison entre les deux termes de chacun des rapports donnés par la question. La simplicité de cette méthode la rend préférable à toute autre. Je vais donner quelques exemples qui suffiront pour la faire connaître.

4 ouvriers ont fait 80 toises d'ouvrage, que feront 12 ouvriers dans le même espace de temps?

L'opération se réduit à $X = \frac{12 \times 80}{4} = 240$

Je dirai : 4 ouvriers font en un certain temps 80 toises d'ouvrage.
1 ouvrier fera dans le même temps $\frac{1}{4}$ ou 20 toises.
12 ouvriers feront 12 fois plus que 1 ouvrier 240 toises.

J'aurai donc pour résultat, représentant la 4me. quantité cherchée, 240 toises, ou bien la proportion

4 : 12 : : 80 : 240.

Cette opération est une règle de *trois directe*. Dans l'exemple suivant la règle de *trois* sera *indirecte*.

4 ouvriers ont mis 10 jours pour élever un mur de 13 toises, quel temps faudra-t-il à 8 ouvriers pour faire ce même ouvrage?

Il est évident que le nombre des jours dépend entièrement des ouvriers qui travaillent. J'aurai donc :

$X = \frac{4 \times 10}{8} = 5$ jours, et je dirai :

4 ouvriers travaillent 10 jours pour 12 toises,
1 ouvrier travaillera 40 jours, "
8 ouvriers le $\frac{1}{8}$ de jours 5 " pour faire 12 toises.

Le résultat 5 jours sera juste puisque j'aurai la proportion :

4 : 8 : : 5 : 10.

Les règles de *trois composées* sont aussi faciles à faire que les premières. Ainsi par exemple, soit l'opération suivante :

3 ouvriers en 10 jours ont fait 60 toises d'ouvrage, que feront 6 ouvriers en 15 jours ?

L'opération se réduit à $X = \frac{3 \times 10 \times 60}{6 \times 15} = 180.$

Je dirai donc :

3 ouvriers en 10 jours ont fait 60 toises d'ouvrage.
1 ouvrier en 10 jours fera $^1/_3$ ou 20 "
1 ouvrier en 1 jour fera $^1/_{10}$ ou 2 "
1 ouvrier en 15 jours fera 15×2 ou 30 "
6 ouvriers en 15 jours feront 6×30 ou 180 toises d'ouvrage, résultat exact.

On pourra s'exercer sur les problêmes suivans, par ces deux méthodes, fesant servir l'une à la preuve de l'autre.

1. 6 ouvriers en un certain temps font 80 toises d'ouvrage, que feront 8 ouvriers dans le même temps ? *Réponse.* 106 toises 4 pieds.

2. 10 ouvriers ont fait en 10 jours 40 toises d'ouvrage, que feront 30 ouvriers en 20 jours ? *Réponse.* 240 toises.

3. 2 ouvriers mettent 6 jours pour faire un bassin, quel temps faudra-t-il à 3 ouvriers ? *Réponse.* 4 jours.

4. 5 ouvriers ont construit un mur de 60 toises en 40 jours, quel temps aurait-il fallu à 20 ouvriers pour faire ce même ouvrage ? *Réponse.* Il leur aurait fallu 15 jours.

5. 6 hommes travaillant 6 heures par jour, font en

10 jour 64 toises d'ouvrage, que feront 10 hommes en 20 jours, travaillant 8 heures par jour? *Réponse.* Ils feront 284 toises 1 pied d'ouvrage.

6. 4000 hommes assiégés dans une ville ont des vivres pour tenir 20 jours : combien d'hommes faudrait-il en faire sortir pour que la garnison pût subsister 45 jours, sans diminuer les rations; ou de combien faudra-t-il que l'on réduise les rations pour que la garnison entière puisse y rester? *Réponse.* Il faudrait renvoyer 2222 hommes, ou bien diminuer les rations de $^{20}/_{45}$.

Règle d'Intérêt.

La *règle d'intérêt* et quelques autres règles que je vais démontrer, ne sont qu'une conséquence de la *règle de trois*, puisque toutes elles se résolvent par cette règle.

Trouver le bénéfice qu'un capital rapporte à celui qui l'a prêté, soit après un an, soit après un temps déterminé, l'intérêt étant fixé à tel ou tel taux, tel est le but de la *règle d'intérêt.*

Les questions sur les intérêts peuvent donc se déduire des principes suivans :

1. Pendant des temps égaux, l'intérêt simple est proportionnel aux intérêts du capital.

2. L'intérêt simple d'une somme est proportionnel au temps que cette somme reste en place.

Cela posé, soit à réduire la question suivante :

Quel sera pour un an l'intérêt de 6000 fr. à 5 p. % l'an?

L'opération se réduit à trouver le quatrième terme de la proportion: $100^f : 5^f :: 6000 : X = 300^f$.

$$\begin{array}{r} 5 \\ \hline 300,00 \end{array}$$

et je trouverai que l'intérêt de 6000 fr. pendant un an rap-

porte 300 fr., cette somme étant placée au taux de 5 p. %
par an. Si la somme restait 3 ans en place, pour avoir son intérêt, connaissant celui qu'elle rapporte en 1 an, je n'aurais qu'à multiplier celui-ci par le nombre d'années. Cela étant, l'intérêt de 6000 fr. après 3 ans, serait 900 fr. à 5 p. %.

Pour trouver le taux de l'intérêt, lorsqu'on connaît la somme reçue pour intérêts, je multiplie la somme reçue par 100, et je divise par la somme qui a rapporté l'intérêt. Ainsi, pour connaître le taux de l'intérêt de 6000 pour un an, cette somme ayant rapporté 300 fr., je dirai

6000 : 300 : : 100 : X = 5 p. %.

Quand les intértês d'une somme viennent eux-mêmes à porter intérêt, on les appelle *Intérêts composés*. Ainsi, ayant prêté une somme de 6000 fr., je demande combien elle vaudra après 3 ans, ayant égard aux intérêts des intérêts?

100 fr. valant 105 fr. à la fin de l'année, je dirai :

100 : 105 : : 6000 : X = 6300 après la première année.

```
   105
 -----
 30000
 6000
 -------
 6300,00
```

L'intérêt de la 1re. année portant intérêt à la 2me. j'aurai :

100 : 105 : : 6300 : X = 6615 après la deuxième année.

```
   105
 -----
 31500
 6300
 -------
 6615,00
```

L'intérêt de la deuxième année augmentant la somme :

100 : 105 : : 6615 : X = 6945f 75c après la troisième année.

```
   105
 -----
 33075
 6615
 -------
 6945,75
```

6000 fr. placés à 5 p. %, et les intérêts de chaque année portant intérêt, 6000 après 3 ans vaudront 6945f 75c.

Règle d'Escompte.

Ou sur une somme que l'on emprunte l'intérêt se trouve porté sur le billet que l'on fait, ou bien le montant du billet égale le capital que l'on emprunte, et alors le prêteur retient l'intérêt. Dans l'un et dans l'autre cas, c'est ce que l'on appelle *escompte*. Dans le premier cas l'escompte est appelé *escompte en dedans*, dans le second, l'escompte est *en dehors*.

Quelle somme devra porter un billet si l'on emprunte 460f, payant l'escompte 6 p. %?

Je forme la proportion 100 : 6 : : 460 : X.

$$\begin{array}{r} 6 \\ \hline 2760 \end{array}$$ esc.te à ajouter au cap.

J'ai 27f 60c qui me représente l'escompte que je devrai payer. Cet escompte étant *en dedans*, le billet devra être de 487f 60c.

On emprunte une somme de 600f dont on donne le billet, mais on ne reçoit que le net de la somme, déduction faite de l'escompte, quelle somme devra-t-on toucher, l'escompte à 5 p. %? je dis : 100 : 5 : : 600 : X

$$\begin{array}{r} 5 \\ \hline 30{,}00 \end{array}$$ escompte à déduire.

Je trouve que l'escompte sera 30 ; je le déduis de la somme et j'ai à prendre 570f.

Règle de Société.

La *règle de société* est ainsi appelée parce qu'elle assigne à chaque personne d'une société le gain ou la perte que lui a rapporté sa mise. Cette règle n'offre aucune difficulté. On la fait en ajoutant la mise de tous les associés ; on met ensuite en proportion la somme des mises avec le bénéfice et la mise particulière de chaque associé. Ce n'est donc qu'une suite de *règles de trois* à faire.

La *règle de société* peut être ou simple ou composée. Nous allons donner un exemple des deux cas.

4 associés ont acheté ensemble 4620f de marchandises ; ils ont fourni les sommes suivantes : le premier 1200f, le second 1305, le troisième 2000, le quatrième enfin, 115 ; quelle sera leur part proportionnelle au bénéfice, ce bénéfice étant 1500f ?

Mise du 1er.	1200f	bénéfice du 1er.	389f 61c
Mise du 2me.	1305	〃 du 2me.	423 70
Mise du 3me.	2000	〃 du 3me.	649 35
Mise du 4me.	115	〃 du 4me.	37 34
Somme des mises	4620f	Somme des bénéfices	1500f 00c

(1er) 4620 : 1500 : : 1200 : X.

```
1200
-------
1800000 | 4620
  41400 |--------
  44400 | 389f 61c
   28200
    4800
     180
```

(2) 4620 : 1500 : : 1305 : X.

```
   1500
 -------
 652500
 1305
 -------
1957500 | 4620
  10950 |--------
  17100 | 423f 70c
   32400
    0000
```

(3) 4620 : 1500 : : 2000 : X.

```
2000
-------
5000000 | 4620
  22800 |--------
  43200 | 649f 35c
   16200
    33400
      300
```

(4) 4620 : 1500 : : 115 : X.

```
   1500
 -------
  57500
  115
 -------
 172500 | 4620
  33990 |--------
   15600 | 39f 34
    17400
     3540
```

3 négocians ont mis en société, le premier 400f qu'il a laissés 6 mois, le second 300f qu'il n'a laissés qu'un mois, le troisième 600f qu'il a laissés pendant 3 mois; ils ont gagné 400f quelle somme chacun devra-t-il avoir pour son bénéfice ?

Mise du 1er.	400f	pendant 6 mois. =	2400f	pendant 1 mois.
Mise du 2me.	300	pendant 1 mois. =	300	〃 〃
Mise du 3me.	600	pendant 3 mois. =	1800f	pendant 1 mois.
	1300f		4500f	

Bénéfice du 1er. 213 33
Bénéfice du 2me. 26 67
Bénéfice du 3me. 160 //
400 //

4500 : 400 : : 2400 : X.
2400
160000
800
960000 | 4500
6000 | 313^{f} 33^{c}
15000
15000
15000
1500

4500 : 400 : : 300 : X.
300
120000 | 4500
30000 | 26^{f} 66^{c}
30000
30000
3000

4500 : 400 : : 1800 : X.
1800
720000 | 4500
27000 | 160
00000

Pour réduire la règle donnée à une *règle de société simple*, je considère, pour la mise du premier 400^{f} qu'il laisse pendant 6 mois, comme s'il mettait 2400^{f} pour 1 mois seulement. Le second ne laissant sa mise qu'un mois, je la place telle qu'elle est. La troisième la laisse 3 mois, et 600^{f} sont égaux à 18000^{f} pendant 1 mois.

La règle ainsi réduite, il ne me reste qu'à agir comme dans le premier cas.

Système Métrique.

Ce système a pour unité fondamentale le mètre, dont la valeur exprimée en pieds, est de 3 pieds 11 lignes, $^{296}/_{1000}$ de ligne.

Le mètre pris sur la grandeur d'un des cercles du méridien terrestre, correspond à la dix millionnième partie du quart du méridien, ou à la quarante millionnième partie de la circonférence de la terre. Les poids et mesures, adoptés par le gouvernement français, sont basés sur le mètre. Afin de les connaître, il est nécessaire de se faire une idée des multiples du mètre. Pour les distinguer, on a adopté une nouvelle nomenclature, tirée de la langue grecque. Ainsi, pour exprimer les multiples du mètre, on se sert des mots :

Déca	pour signifier	dix.
Hecto	»	cent.
Kilo	»	mille.
Myria	»	dix mille.

Et pour désigner les sous-multiples, on se sert des mots.

Déci	pour signifier	dixième.
Centi	»	centième.
Milli	»	millième.

Ces mots se placent avant les termes propres des poids et mesures : je représenterai cette nomenclature pour le mètre, par le tableau suivant :

Myriamètre	pour signifier	dix mille mètres.
Kilomètre	»	mille mètres.
Hectomètre	»	cent mètres.
Décamètre	»	dix mètres.
Mètre	»	unité fondamentale.
Décimètre	»	dixième de mètre.
Centimètre	»	centième de mètre.
Millimètre	»	millième de mètre.

Ainsi le mètre en longueur est l'unité proprement dite des mesures linéaires. Un espace de dix mètres carrés que l'on appelle *are*, est l'unité des mesures agraires. Le stère sert d'unité aux mesures de solidité. Le stère présente un mètre cube. Ce que pourrait contenir un vase cubique, d'un décimètre de côté, forme le *litre* qui sert d'unité aux mesures de capacité.

Le *Gramme*, unité fondamentale des mesures de pesanteur, se compose du poids d'un volume d'eau distillée que pourrait contenir un vase d'un décimètre de côté.

L'unité des monnaies est le franc ; il se divise en décimes et centimes.

Les diverses unités des poids et mesures sont sujettes aux mêmes subdivisions que le mètre. D'après ce que nous avons dit du système métrique, on peut apprécier que les multiples et les subdivisions des nouvelles mesures, sont soumis pour la numération et le calcul à la loi décimale.

Qu'on veuille écrire en chiffres, par exemple, 9 hectomètres, 7 décamètres, 8 mètres, 6 décimètres, 5 centimètres. Il s'agit de placer les chiffres 9, 7, 8, 6, 5 à leurs places respectives, ce qui ne présente aucune difficulté. Le chiffre 8 représente 8 unités de mètre, il doit être au rang des unités : 7 représente des décamètres, ou dixaines de mètre, je mets ce chiffre à la gauche des unités ; 9 hectomètres ne sont autre chose que des centaines de mètre, je placerai dont le chiffre 9 au troisième rang, vers la gauche, et j'aurai d'abord 978 mètres. Pour les subdivisions, représentées par les chiffres 6, 5, après avoir placé la virgule, à la suite des unités, je place d'abord à leur droite 6 décimètres, et à la droite de ceux-ci 5 centimètres, et j'ai dans les chiffres représentant le nombre donné 978 mètres 65 centimètres.

Pour convertir une nouvelle mesure, exprimée

en chiffres décimaux, à une unité quelconque de son espèce, il faut porter la virgule à la droite du chiffre qui exprime les unités de l'ordre demandé. Par exemple, pour convertir en kilom. 497864, 45; j'observe que les kilomètres occupent le quatrième rang à la gauche des unités; le chiffre 7 représentera donc les unités de l'ordre demandé ; plaçant la virgule à sa droite, j'aurai 497 kilomètres 86445.

Le calcul des nouvelles mesures étant le même que celui des nombres décimaux (puisque le système métrique suit en tout les lois du système décimal), quelques exemples suffiront pour rappeler les règles principales.

Si l'on proposait d'ajouter, par exemple, 475 mètres 65 décimètres + 466 mètres 45 centimètres + 74 mètres, 20 centimètres, j'écrirais :

475ᵐ	65
466	45
74	20
1016ᵐ	30

En opérant comme dans l'addition des nombres accompagnés des chiffres décimaux, j'aurai un total, 1016 mètres 30 centimètres.

Si l'on me donnait à ajouter 45 kilomètres 4760 décimètres, à 3 mètres 265. Je réduirais les kilomètres en mètres, et j'aurais :

45476ᵐ	6ᵈ
3	265
45479ᵐ	865ᵈ

Ajoutant les deux nombres, le total cherché serait : 45479 mètres 865.

Pour soustraire 476 mètres 26 de 647m 45c plaçant les nombres d'après la méthode donnée pour la soustraction :

De	647m	45
Otez	476	26
	171m	19

Je soustrairai tous les chiffres inférieurs des chiffres supérieurs d'après les règles déjà données, et le reste serait 171m 19.

La multiplication dans le système métrique, se fait comme dans les nombres décimanx, en supprimant la virgule, et retranchant au produit autant de décimales que les 2 facteurs en contenaient. Soit à trouver le prix de 25 mètres 65 centimètres, à 13 fr. 50 cent. le mètre : je dis :

A	13f	50	le mètre.
Combien	25m	65	
	67	50	
	810	0	
	6750		
	2700		
	346,27	50	

Multipliant 13,50 par 25,65 j'ai un produit 346 2750 dix mille fois trop fort, je le réduis à sa juste valeur en séparant quatre chiffres à droite, et le résultat 346 fr. 2750 sera le produit exact.

La division suit encore la même règle que celle des décimales. On n'a qu'à se baser sur le principe déjà énoncé plus haut, qui consiste à compléter par des o le nombre des décimales, dans celui des termes de la division qui en a le moins. Soit, par exemple, à diviser 47 mètres 16 centimètres par 20 mètres 486 millimètres.

Le dividende ayant un chiffre décimal de moins que le diviseur, j'ajoute un o pour remplacer ce chiffre, et l'opération se réduit à trouver le quotient de la division :

47,160 6,1880 42200 1248	20,426 —— 2m 302

Je fais la division sans faire attention à la virgule et le quotient trouvé sera exact, puisque j'aurai multiplié les deux termes de la division par le même nombre.

Du Rapport des Mesures Anciennes avec les Nouvelles.

Comme je l'ai déjà dit, pour obtenir une mesure fondamentale qui ne fut sujette à aucun changement, on a divisé l'un des cercles qui traversent la terre en 40,000,000 de parties, et chacune de ces parties a représenté l'unité principale des nouvelles mesures, unité que l'on a appelée *mètre.*

Pour parvenir à ce résultat, on a dû se servir de la toise, qui était l'unité de longueur connue ; et mesurant la distance du pôle à l'équateur, on a trouvé qu'elle était représentée par 5,130,740 toises. Or, puisque la circonférence du cercle tracé sur le méridien égale 40,000,000 de mètres, le quart vaudra 10,000,000 de mètres, ce qui revient à dire que 5,130,740 toises = 10,000,000 de mètres. Divisant l'un par l'autre les deux membres de cette équation, j'aurai :

$$1 \text{ toise} = \frac{10000000 \text{ de m.}}{5130740} = 1^{m}\ 94904$$

Le pied étant la $\frac{1}{6}$ p. de la t. 1 p. $\frac{1 \text{ t}^{e}.}{6} = 0^{m}\ 32484$

Un pouce étant la $\frac{1}{12}$ p. du p. 1 p. $\frac{1 \text{ p}^{d}.}{12} = 0^{m}\ 02707$

Une ligne étant la $\frac{1}{12}$ p. du p. 1 l^{e}. $\frac{1 \text{ p}^{ce}.}{12} = 0^{m}\ 00226$

Si, au contraire, on divise 5,130,740 toises par 10,000,000 de mètres, on aura 1 m. = 0, 513,074 t.

Tel est, pour les mesures de longueur, le rapport des anciennes avec les nouvelles. On aura le rapport des mesures de surface, en comparant la toise carrée avec le mètre carré. Ces divers rapport se trouvent dans les deux tables suivantes :

RÉDUCTION des mesures linéaires et carrées anciennes, en mesures nouvelles.

N.	Toises en Mètres.	Pieds en Mètres.	Pouces en Mètres.	Lignes en Mètres.	N.	T. carrées en mètres carrés.	P. carrés en mètres carrés.	Pouc. carrés en mètres carrés.	Lign. carrées en mètres carrés.	N.	Aunes en Mètres.
1	1, 94904	0, 32484	0, 027070	0, 002256	1	3, 798744	0, 105521	0, 00073278	0, 000005089	1	1, 18845
2	3, 89807	0, 64968	0, 054140	0, 004512	2	7, 597487	0, 211041	0, 00146556	0, 000010178	2	2, 37689
3	5, 84711	0, 97452	0, 081210	0, 006768	3	11, 396231	0, 316562	0, 00219834	0, 000015267	3	3, 56534
4	7, 79615	1, 29936	0, 108280	0, 009024	4	15, 194975	0, 422083	0, 00293112	0, 000020356	4	4, 75378
5	9, 74519	1, 62420	0, 135350	0, 011280	5	18, 993718	0, 527604	0, 00366390	0, 000025405	5	5, 94223
6	11, 69422	1, 94904	0, 162420	0, 013536	6	22, 792462	0, 633124	0, 00439668	0, 000030534	6	7, 13068
7	13, 64326	2, 27388	0, 189490	0, 015792	7	26, 591205	0, 738645	0, 00512946	0, 000035623	7	8, 31912
8	15, 59230	2, 59872	0, 216560	0, 018048	8	30, 389949	0, 844166	0, 00586224	0, 000040712	8	9, 50757
9	17, 54133	2, 92356	0, 243630	0, 020304	9	34, 188693	0, 949686	0, 00659502	0, 000045801	9	10, 69601
10	19, 49037	3, 24840	0, 270700	0, 022560	10	37, 957436	1, 055207	0, 00732780	0, 000050890	10	11, 88446

RÉDUCTION des mètres et mètres carrés en mesures linéaires et carrées anciennes.

N.	Mètres en Toises.	Mètres en Pieds.	Mètres en Pouces.	Mètres en Lignes.	N.	Mètr. carrés en toises carrées.	Mètr. carrés en pieds carrés.	Mètr. carrés en pouces carrés.	Mètr. carrés en lignes carrées.	N.	Mètres en aunes.
1	0, 51307	3, 07844	36, 9413	443, 296	1	0, 263245	9, 47632	1364, 66	196511	1	0, 84144
2	1, 02615	6, 15689	73, 8827	886, 592	2	0, 526490	18, 95263	2729, 32	373023	2	1, 68287
3	1, 53922	9, 23533	110, 8240	1329, 888	3	0, 789735	28, 43045	4093, 99	589534	3	2, 52431
4	2, 05230	12, 31378	147, 7653	1773, 184	4	1, 052980	37, 90726	5458, 65	786045	4	3, 36754
5	2, 56537	15, 39222	184, 7067	2216, 480	5	1, 316225	47, 38408	6823, 31	982557	5	4, 20718
6	3, 07844	18, 47066	221, 6480	2659, 775	6	1, 579469	56, 86090	8187, 97	1179068	6	5, 04861
7	3, 59152	21, 54911	258, 5893	3103, 071	7	1, 842714	66, 33771	9552, 63	1375579	7	5, 89005
8	4, 10459	24, 62755	275, 5306	3546, 367	8	2, 105959	75, 81453	10917, 30	1572090	8	6, 73148
9	4, 61767	27, 70600	332, 4720	3989, 663	9	2, 369204	85, 29134	12281, 96	1768602	9	7, 57292
10	5, 13074	30, 78444	369, 4133	4432, 959	10	2, 632449	94, 76816	13646, 62	1965113	10	8, 41435

L'aune vaut en mesure ancienne, 3 pieds, 6 pouces, 10 lignes 5/6.

Au moyen des deux tables que je viens de donner, il est facile de comparer avec les nouvelles mesures linéaires et carrées, les mesures anciennes, soit de longueur, soit de superficie.

En effet, connaissant le rapport du mètre à la toise, il me sera facile d'établir le rapport qui existe entre le kilomètre et la lieue terrestre ou marine. Car, puisque la lieue terrestre de 25 au dégré vaut 2280 toises 33, je n'aurai qu'à chercher la valeur en mètres, ce que je trouverai en établissant la proportion :

1 : 2280, 30 : : 1 m. 94904 : X. =

Et j'aurai pour résultat 4444 m. 4543832 ; négligeant les six derniers chiffres décimaux, j'aurai 4444 m. 4, ou bien 4 k. 4444, marquant le rapport de la lieue terrestre de 25 au dégré avec la mesure actuelle, qui est le kilomètre.

Faisant la même opération, je trouverai que la lieue marine de 20 au dégré, vaut en kilom. 5 k. 5556.

Quant aux autres rapports linéaires, il est facile de les trouver, au moyen des tables, ou par la règle donnée. Si l'on me donnait, par exemple, 545 toises à convertir en mètres, j'aurais :

500 toises	=	974m 52
40 "	=	77 96
5 "	=	9 75
545 toises	=	1062m 23

Soient encore à convertir en mètres 17 pieds, 6 pouces, 9 lignes, j'aurais :

10 pieds	=	3m 25
7 "	=	2 27
" 6 pouces	=	0 16
" " 9 lignes.	=	0 02
17 p. 6 p 9 lignes.	=	5m 70

Quant aux mesures carrées ou de superficie, il me sera facile de trouver leur rapport, connaissant celui du mètre carré à la toise carrée.

J'aurais pu former des tables pour donner le rapport de l'hectare à l'arpent, mais comme les mesures de superficie anciennes varient généralement d'un lieu à un autre, ces tables seraient devenues inutiles. J'ai cru plus à propos de donner des règles sûres pour trouver ce rapport.

Je me contenterai donc de démontrer que connaissant la valeur de la perche, et son rapport avec le mètre carré, on trouvera facilement le rapport de l'arpent quelconque à l'hectare.

Si j'avais à convertir, par exemple, un arpent en hectare, et que l'on m'observât que l'arpent a 100 perches carrées, et que la perche vaut 18 p[ds]. carrés, ou bien trois toises carrées, je raisonnerais ainsi :

Puisque la perche vaut 3 toises, 100 perches vaudront 300 toises; mais 3 toises carrées valent 11 m. 39623 carrés, j'aurai donc cette proportion :

3 : 300 : : 11 , 39623 : X = 3418 m. 869300 = 0 h. 341887.

J'ai pris dans cet exemple, et pour servir de base aux calculs qu'on pourra faire sur la table de comparaison pour les mesures carrées, j'ai pris, dis-je, l'arpent de Paris, comme le plus généralement usité. Il sera du reste facile, quelle que soit la différence de l'arpent à celui que j'ai pris, de calculer sa valeur en mètres, en ares, en hectares, en suivant le principe que je donne. On n'a seulement qu'à bien prendre la valeur de la perche en mètres, et sachant le nombre de perches nécessaires pour former l'arpent, former comme ci-dessus une proportion, dans laquelle le quatrième terme sera le résultat cherché.

RÉDUCTION des mesures cubiques anciennes, en mesures nouvelles, et réciproquement.

N.	Toises cubes en Mètres cubes.	Pieds cubes en Mètres cubes.	Pouces cubes en Mètres cubes.	Cordes de bois en Stères.	N.	Mètres cubes en Toises cubes.	Mètres cubes en Pieds cubes.	Mètres cubes en Pouces cubes.	Stères en cordes de bois.
1	7, 40389	0, 0342773	0, 000019836	3, 8391	1	0, 135064	29, 1739	50412, 42	0, 26018
2	14, 80778	0, 0685545	0, 000039673	7, 6781	2	0, 270128	58, 3477	100824, 84	0, 52096
3	22, 21167	0, 1028318	0, 000059509	11, 5172	3	0, 405192	87, 5216	151237, 25	0, 78144
4	29, 61556	0, 1371090	0, 000079346	15, 3562	4	0, 542057	116, 6954	201649, 67	1, 04192
5	37, 01945	0, 1713863	0, 000099182	19, 1953	5	0, 675321	145, 8693	252062, 08	1, 30241
6	44, 32334	0, 2056636	0, 000119018	23, 0343	6	0, 810385	175, 0431	302474, 50	1, 56289
7	51, 82723	0, 2399108	0, 000138855	26, 8734	7	0, 945449	204, 2170	352886, 91	1, 82337
8	59, 23112	0, 2742181	0, 000158691	30, 7124	8	1, 080513	233, 3908	403299, 33	2, 08385
9	66, 63501	0, 3084953	0, 000178528	34, 5515	9	1, 215577	262, 5647	453711, 74	2, 34433
10	74, 03890	0, 3427726	0, 000198364	38, 3905	10	1, 350640	291, 7385	504124, 16	2, 60481

RÉDUCTION des poids anciens en poids nouveaux, et réciproquement.

N.	Livres en Kilogr.	Onces en Kilogr.	Gros en Kilogr.	Grains en Kilogram.	Quintaux en Myriag.	N.	Kilogr. en Livres.	Kilogr. en onces.	Kilogr. en Gros.	Kilogram. en Grains.	Myriag. en Quintaux.
1	0, 48951	0, 03059	0, 003824	0, 0000531	4, 8951	1	2, 04288	32, 686	261, 49	18827, 15	0, 20429
2	0, 97902	0, 06119	0, 007648	0, 0001062	9, 7901	2	4, 08576	65, 372	522, 98	37654, 30	0, 40858
3	1, 46852	0, 09178	0, 011472	0, 0001593	14, 6852	3	6, 12864	98, 058	787, 86	56481, 45	0, 61286
4	1, 95802	0, 12238	0, 015296	0, 0002124	19, 5802	4	8, 17152	130, 744	1045, 95	75308, 60	0, 81715
5	2, 44753	0, 12597	0, 019120	0, 0002655	24, 4754	5	10, 21440	163, 430	1307, 44	94135, 75	0, 02144
6	2, 93704	0, 18336	0, 022944	0, 0003186	29, 3704	6	12, 25728	196, 116	1568, 93	112962, 90	0, 22753
7	3, 42654	0, 21416	0, 026768	0, 0003717	34, 2654	7	14, 30016	228, 802	1830, 42	131790, 05	1, 43001
8	3, 91605	0, 24455	0, 030592	0, 0004248	39, 1605	8	16, 34304	261, 488	2091, 91	150617, 20	1, 63430
9	4, 40555	0, 27535	0, 034416	0, 0004779	44, 0555	9	18, 38592	294, 174	2353, 40	169444, 35	1, 83859
10	4, 89506	0, 30594	0, 038240	0, 0005310	48, 9506	10	20, 42880	326, 860	2614, 90	188271, 50	2, 04288

***RÉDUCTION** des mesures de capacité anciennes, en mesures nouvelles, et réciproquement.*

N.	Pintes en Litres.	Septiers de blé en Hectolitr.	boisseaux en Litres.	N.	Litres en Pintes.	Hectol. en septs. de blé.	Litres en boisseaux
1	0,9513	1,5610	13,008	1	1,0737	0,6406	0,07687
2	1,8626	3,1220	26,016	2	2,1475	1,2812	0,15374
3	2,7939	4,6830	39,024	3	3,2212	1,9219	0,23061
4	3,7253	6,2440	52,032	4	4,2949	2,5625	0,30749
5	4,6565	7,8050	45,041	5	5,3687	3,2031	0,38436
10	9,3132	15,6100	130,003	10	10,7374	6,4062	0,76874

***RÉDUCTION** des monnaies anciennes en monnaies nouvelles, et réciproquement.*

N.	Livres en Francs.	Sous en Francs.	Deniers en Francs.	Francs en Livres.
1	0,987651	0,0493825	0,004115212	1,012503
2	1,975301	0,0987650	0,008230424	2,025006
3	2,962952	0,1481475	0,012345636	3,037510
4	3,950603	0,1975301	0,016460848	4,050012
5	4,938254	0,2469126	0,020576061	5,062515
10	8,888858	0,4444429	0,037036910	9,112531

Comme je l'ai déjà dit, l'unité monétaire, dans le système actuel, est le *franc*. Il se divise en décimes et centimes. Quant à sa valeur, le *franc* est une pièce pesant 5 grammes : il contient, d'après les rapports faits, $^9/_{10}$ d'argent pur, et $^1/_{10}$ d'alliage.

On remarquera facilement que les monnaies actuelles peuvent servir de poids. En effet, puisque un franc pèse 5 grammes, 2 francs pèseront 10 grammes, 100 fr. pèseront 500 grammes ou 5 hectogrammes, 200 fr. pèseront 1 kilogramme.

Quant au rapport de l'ancienne unité monétaire, la livre, avec la nouvelle unité, le franc, il a été reconnu que le franc vaut une livre trois deniers tournois. Calculant le rapport des deux unités entr'elles, on trouvera, à peu de chose près, que 81^{tt} = 80^{f}.

Méthode à suivre pour former les tables de comparaison, et manière de s'en servir.

Connaissant le rapport de l'unité principale des mesures anciennes avec l'unité des mesures nouvelles, je forme une table, contenant, d'un côté, dans une première colonne verticale, les nombres naturels jusqu'à 10. Dans une autre colonne, et vis à vis chacun de ces nombres, la valeur correspondante. Ainsi, sachant que 1 toise vaut 1 mètre 94904, pour avoir la valeur de 2 toises en mètres, je double la valeur de 1 toise et j'ai 2,89808. J'ajoute la valeur de 1 à celle de 2, et j'obtiens la valeur de 3; en ajoutant à la valeur de 3 celle de 1, j'ai la valeur de 4 toises, et ainsi de suite jusqu'à 10, où je dois retrouver les mêmes chiffres qu'à 1, mais reculés d'un rang vers la gauche.

Il est aisé de s'apercevoir qu'au moyen de simples additions on peut trouver la valeur de quel nombre que ce soit, de mesures anciennes en mesures nouvelles.

Qu'on me donne par exemple à trouver combien 6872 toises valent de mètres? Comparant 6000 à 6, j'observe que 6000 t. donneront 1000 fois plus de mètres que 6 toises. Mais 6 t. donnent 11 mètres 69422; 6000 donneront par conséquent 11694 m. 22 cent. 2°. Pour avoir le nombre relatif à 800, je prends le centuple de ce que je trouve vis à vis de 8, et j'ai 1559 m. 23 cent. 3°. Je trouve 136 m. 43 cent. pour 70 toises. 4°. Enfin, j'ai pour 2 toises, 3 m. 89 cent.

Mon calcul se trouvera donc ainsi disposé :

6872 toises. =	6000 t.	=	11694^{m}	22^{c}
	800 t.	=	1559	23
	70 t.	=	136	43
	2 t.	=	3	89
	6872 t.	=	13393^{m}	77^{c}

On peut voir, par l'exemple que je viens de donner, quel est l'usage des tables. Il en serait de même dans quelle question que ce fût.

Comparaison des prix des mesures anciennes et nouvelles.

On obtient la valeur de l'unité nouvelle, connaissant le prix de l'unité ancienne, en multipliant le prix de l'unité en mesures anciennes par la valeur de l'unité en mesures nouvelles.

Si l'on disait, par exemple, que l'aune coûte 18f, et qu'on demandât le prix du mètre, je multiplierais :

18f prix de l'aune.
Par 0,84144 valeur de l'aune en mètres.

```
      72
     72
    18
   72
  144
```

Et j'aurais 15,14592 ou 15f 14c, négligeant les trois deniers chiffres décimaux.

Pour obtenir la valeur de l'unité ancienne, connaissant le prix de l'unité nouvelle, je multiplie le prix en mesures nouvelles, par la valeur ou rapport de l'unité ancienne à l'unité nouvelle. En supposant le prix du mètre à 20f, on trouverait en multipliant 20f par 1 m. 18845, que l'aune vaut 23f 77c.

TABLE DE MULTIPLICATION.

1	2	3	4	5	6	7	8	9
2	4	6	8	10	12	14	16	18
3	6	9	12	15	18	21	24	27
4	8	12	16	20	24	28	32	36
5	10	15	20	25	30	35	40	45
6	12	18	24	30	36	42	48	54
7	14	21	28	35	42	49	56	63
8	16	24	32	40	48	56	64	72
9	18	27	36	45	54	63	72	81

Par mon renvoi à l'article multiplication, la table servant à multiplier les nombres simples se trouve ici placée. Cette table, appelée *carré de Pythagore*, est simple et facile à concevoir. Elle renferme en elle les élémens de la multiplication, puisqu'elle n'est qu'une suite d'additions, ou de multiplications si l'on veut.

En effet, la première bande de cette table se forme en ajoutant l'unité à elle-même; la seconde, en ajoutant 2 à lui-même; et ainsi de suite, en ajoutant à eux-mêmes, dans chaque bande, la série des chiffres significatifs jusqu'à 9.

Pour la multiplication, et pour, dans cette opération, pouvoir se servir de la table que je donne, si l'on veut, par son moyen, trouver le produit de deux nombres d'un seul chiffre, ou, pour mieux m'exprimer, de deux nombres représentés par un seul chiffre chacun, on cherchera dans la première bande le chiffre représentant le multiplicande, et en partant de ce chiffre, on descendra verticalement, jusqu'à ce que l'on soit arrivé à la case qui se trouve vis à vis du multiplicateur qui se trouve à la première colonne verticale. Le nombre sur lequel on se sera arrêté sera le produit cherché.

Que j'aie, par exemple, à trouver le produit de 5 × 8. Le multiplicande 5 se trouve placé à la cinquième case de la première bande; descendant de ce chiffre jusque vis à vis le chiffre 8, placé dans la première colonne verticale, le nombre sur lequel je m'arrête est 40, produit cherché; car 5 × 8 = 40.

SIGNES.

=	pour signifier	Égal à.
+	"	Plus.
—	"	Moins.
×	"	Multiplié par.
÷	"	Divisé par.

IMPRIMERIE DE VERONESE.

www.ingramcontent.com/pod-product-compliance
Lightning Source LLC
LaVergne TN
LVHW050427160826
845677LV00002BA/577

* 9 7 8 2 3 2 9 6 8 9 3 8 8 *